Verstehen der Kernenergie in 10 Schritten

Dr. Alexandre Moreau

Table des matières

Kapitel 1: Einführung in die Kernenergie 5
- Was ist Kernenergie?............5
- Geschichte der Entdeckung der Radioaktivität und der Kernenergie............5
- Grundprinzipien der Kernphysik............6

Kapitel 2 : Die Funktionsweise eines Kernreaktors............8
- Die Bestandteile eines Kernreaktors............11
- Der Prozess der Kernspaltung............12
- Detailliertes Schema eines Reaktors im Betrieb............14

Kapitel 3 : Von der Spaltung zur Elektrizität............17
- Umwandlung von Wärmeenergie in elektrische Energie............17
- Dampfgeneratoren und Turbinen............18
- Der Sekundärkreislauf und das Kühlsystem............20
- Energieeffizienz von Kernkraftwerken............22
- Schlussfolgerung............24

Kapitel 5 : Militärische Anwendungen der Kernenergie............25
- Die Entwicklung von Atomwaffen............25
- Das Prinzip der Atombombe............26
- Unterschied zwischen ziviler und militärischer Nutzung............28
- Nukleare Proliferation und internationale Verträge............30

Kapitel 6 : Sicherheit von Kernkraftwerken............32
- Passive und aktive Sicherheitssysteme............34
- Fallstudien : Tschernobyl, Fukushima, Three Mile Island.............36
- Regulierung und internationale Aufsicht............37

Kapitel 7 : Nukleare Abfallentsorgung: Eine Herausforderung für die Zukunft............39
- Die Arten von Abfällen............39
- Herausforderungen und Lösungen............39
- Herausforderungen und Perspektiven............40

Kapitel 8 : Die Umweltauswirkungen der Kernenergie............41
- Entsorgung langfristiger radioaktiver Abfälle............42
- Auswirkungen auf die Tier- und Pflanzenwelt............43
- Der ökologische Fußabdruck von Kernkraftwerken............43

Kapitel 9 : Comparaison avec les autres sources d'énergie............46
- Erneuerbare Energien: Solarenergie, Windkraft, Wasserkraft, Geothermie.............47
- Vor- und Nachteile der einzelnen Energiequellen............48
- Perspektiven für einen nachhaltigen Energiemix............50

Kapitel 10 : Die Zukunft der Kernenergie 53
   Die Reaktoren der neuen Generation 53

Einführung:

In einer Welt, die mit komplexen Energieherausforderungen konfrontiert ist, nimmt die Kernenergie eine zentrale Rolle im globalen Energiemix ein. Mit ihren Versprechungen einer zuverlässigen Stromproduktion, der Reduzierung von Treibhausgasemissionen und der Diversifizierung der Energiequellen weckt die Kernenergie sowohl Hoffnung als auch Kontroversen. Dieses Buch zielt darauf ab, diese komplexe Technologie zu entmystifizieren und ihre vielen Facetten von ihren wissenschaftlichen Grundlagen bis zu ihren ethischen Implikationen zu erkunden.

Ziele des Buches:

Das Ziel dieses Werkes ist es, ein besseres Verständnis der Kernenergie zu ermöglichen, indem eine Vielzahl von Themen behandelt wird, die von ihrer technischen Funktionsweise bis zu ihren sozialen, ökologischen und ethischen Auswirkungen reichen. Durch eine detaillierte Untersuchung streben wir an:

1. **Die nukleare Technologie zu entmystifizieren**: Wir behandeln die grundlegenden Prinzipien der Kernphysik und erklären die Funktionsweise von Kernreaktoren, um den Lesern eine solide Basis für das Verständnis dieser komplexen Technologie zu bieten.
2. **Zeitgenössische Herausforderungen zu beleuchten**: Wir untersuchen die Herausforderungen und Chancen im Zusammenhang mit der Kernenergie im Kontext der aktuellen Debatten über Klimawandel, Energiesicherheit und nachhaltige Entwicklung.
3. **Ethische und soziale Perspektiven zu analysieren**: Wir erkunden die ethischen Dilemmata im Zusammenhang mit der Nutzung der Kernenergie und beleuchten Fragen der Sicherheit, des Schutzes, der sozialen Gerechtigkeit und der ökologischen Verantwortung.
4. **Zu bilden und zu informieren**: Wir möchten den Lesern das Wissen und die Werkzeuge an die Hand geben, die notwendig sind, um informiert und kritisch an der Debatte über Kernenergie teilzunehmen, und damit eine fundierte und demokratische Entscheidungsfindung zu fördern.

Die Bedeutung der Kernenergie

In einer Zeit, in der die Belastung der Energieressourcen immer drängender wird, stellt die Kernenergie eine wertvolle und potenziell transformative Ressource dar. Sie bietet eine kontinuierliche und kohlenstoffarme Stromquelle und spielt somit eine entscheidende Rolle im Übergang zu einer kohlenstoffarmen Wirtschaft. Darüber hinaus eröffnet ihr Innovationspotenzial mit der Entwicklung von Reaktoren der nächsten Generation und der Erforschung der Kernfusion neue Perspektiven.

Als solche ist ein tiefes Verständnis der Kernenergie für politische Entscheidungsträger, Energieexperten, Forscher, Studenten und die breite Öffentlichkeit unerlässlich. Dieses Buch soll diesem Bedürfnis nachkommen, indem es eine umfassende und zugängliche Ressource zu diesem wichtigen Thema bietet, das unsere energetische und ökologische Zukunft prägt.

Kapitel 10 : Die Zukunft der Kernenergie 53
   Die Reaktoren der neuen Generation 53

Einführung:

In einer Welt, die mit komplexen Energieherausforderungen konfrontiert ist, nimmt die Kernenergie eine zentrale Rolle im globalen Energiemix ein. Mit ihren Versprechungen einer zuverlässigen Stromproduktion, der Reduzierung von Treibhausgasemissionen und der Diversifizierung der Energiequellen weckt die Kernenergie sowohl Hoffnung als auch Kontroversen. Dieses Buch zielt darauf ab, diese komplexe Technologie zu entmystifizieren und ihre vielen Facetten von ihren wissenschaftlichen Grundlagen bis zu ihren ethischen Implikationen zu erkunden.

Ziele des Buches:

Das Ziel dieses Werkes ist es, ein besseres Verständnis der Kernenergie zu ermöglichen, indem eine Vielzahl von Themen behandelt wird, die von ihrer technischen Funktionsweise bis zu ihren sozialen, ökologischen und ethischen Auswirkungen reichen. Durch eine detaillierte Untersuchung streben wir an:

1. **Die nukleare Technologie zu entmystifizieren**: Wir behandeln die grundlegenden Prinzipien der Kernphysik und erklären die Funktionsweise von Kernreaktoren, um den Lesern eine solide Basis für das Verständnis dieser komplexen Technologie zu bieten.
2. **Zeitgenössische Herausforderungen zu beleuchten**: Wir untersuchen die Herausforderungen und Chancen im Zusammenhang mit der Kernenergie im Kontext der aktuellen Debatten über Klimawandel, Energiesicherheit und nachhaltige Entwicklung.
3. **Ethische und soziale Perspektiven zu analysieren**: Wir erkunden die ethischen Dilemmata im Zusammenhang mit der Nutzung der Kernenergie und beleuchten Fragen der Sicherheit, des Schutzes, der sozialen Gerechtigkeit und der ökologischen Verantwortung.
4. **Zu bilden und zu informieren**: Wir möchten den Lesern das Wissen und die Werkzeuge an die Hand geben, die notwendig sind, um informiert und kritisch an der Debatte über Kernenergie teilzunehmen, und damit eine fundierte und demokratische Entscheidungsfindung zu fördern.

Die Bedeutung der Kernenergie

In einer Zeit, in der die Belastung der Energieressourcen immer drängender wird, stellt die Kernenergie eine wertvolle und potenziell transformative Ressource dar. Sie bietet eine kontinuierliche und kohlenstoffarme Stromquelle und spielt somit eine entscheidende Rolle im Übergang zu einer kohlenstoffarmen Wirtschaft. Darüber hinaus eröffnet ihr Innovationspotenzial mit der Entwicklung von Reaktoren der nächsten Generation und der Erforschung der Kernfusion neue Perspektiven.

Als solche ist ein tiefes Verständnis der Kernenergie für politische Entscheidungsträger, Energieexperten, Forscher, Studenten und die breite Öffentlichkeit unerlässlich. Dieses Buch soll diesem Bedürfnis nachkommen, indem es eine umfassende und zugängliche Ressource zu diesem wichtigen Thema bietet, das unsere energetische und ökologische Zukunft prägt.

Kapitel 1: Einführung in die Kernenergie

Die Kernenergie ist eine der mächtigsten und umstrittensten Energiequellen unserer Zeit. Um ihre Auswirkungen zu verstehen, ist es wichtig, ihre Grundlagen, ihre Geschichte und ihre grundlegenden Prinzipien zu kennen. Dieses Kapitel soll eine klare und detaillierte Einführung in die Kernenergie bieten.

Was ist Kernenergie?

Kernenergie stammt aus den Kräften, die die Teilchen im Kern eines Atoms zusammenhalten. Es gibt zwei Hauptarten von Kernreaktionen, die diese Energie freisetzen können: die Spaltung und die Fusion.

- **Kernspaltung:** Dies ist der Prozess, bei dem der Kern eines schweren Atoms wie Uran-235 oder Plutonium-239 in zwei kleinere Kerne zerfällt. Diese Teilung setzt eine große Menge an Energie in Form von Wärme frei, sowie zusätzliche Neutronen. Diese Neutronen können die Spaltung anderer Kerne auslösen und so eine Kettenreaktion verursachen.
- **Kernfusion:** Dies ist der Prozess, bei dem zwei leichte Kerne, wie die des Wasserstoffs, zu einem schwereren Kern verschmelzen. Dieser Prozess setzt eine enorme Energiemenge frei, die weit größer ist als die der Spaltung. Die Fusion ist der Prozess, der Sterne, einschließlich unserer Sonne, antreibt. Die durch diese Reaktionen freigesetzte Energie kann in Wärme umgewandelt und dann zur Erzeugung von Elektrizität genutzt werden, was sie zu einer wertvollen Quelle für die großflächige Energieproduktion macht.

Geschichte der Entdeckung der Radioaktivität und der Kernenergie

Die Entdeckung der Kernenergie und der Radioaktivität geht auf das späte 19. und frühe 20. Jahrhundert zurück, als Wissenschaftler begannen, die Struktur des Atoms und die Natur der Strahlung zu erforschen. Hier sind einige der wichtigsten Meilensteine in dieser Geschichte:

- **1896: Entdeckung der Radioaktivität**
  Henri Becquerel entdeckte die natürliche Radioaktivität, als er feststellte, dass Uranverbindungen auf fotografischen Platten Bilder erzeugen konnten, ohne Licht

ausgesetzt zu sein. Diese Entdeckung führte zu weiteren Forschungen über die Strahlung.
- **1898: Entdeckung von Radium und Polonium**
  Marie und Pierre Curie isolierten zwei neue radioaktive Elemente, Radium und Polonium, aus Uranerzen. Ihre Arbeiten legten den Grundstein für das Verständnis der Radioaktivität und ihrer Eigenschaften.
- **1905: Einsteins Äquivalenz von Masse und Energie**
  Albert Einstein stellte seine berühmte Gleichung $E=mc^2$ vor, die besagt, dass Masse in Energie umgewandelt werden kann und umgekehrt. Diese Theorie bildete die Grundlage für das Verständnis der enormen Energiemengen, die bei Kernreaktionen freigesetzt werden.
- **1938: Entdeckung der Kernspaltung**
  Otto Hahn und Fritz Strassmann entdeckten die Kernspaltung, als sie Uran mit Neutronen bombardierten und feststellten, dass das Uranatom in kleinere Teile zerfiel. Lise Meitner und Otto Frisch erklärten später den Prozess der Spaltung und die dabei freigesetzte Energie.
- **1942: Erster kontrollierter Kernreaktor**
  Unter der Leitung von Enrico Fermi wurde in Chicago der erste kontrollierte Kernreaktor gebaut und in Betrieb genommen. Dieses Experiment markierte den Beginn der kontrollierten Nutzung der Kernenergie zur Stromerzeugung.

Diese historischen Meilensteine markieren den Beginn der Erforschung und Nutzung der Kernenergie, die seitdem enorme Fortschritte gemacht hat.

Grundprinzipien der Kernphysik

Tauchen wir ein in die faszinierenden Geheimnisse der Kernphysik, einer Welt, in der sich Materie verwandelt und Energie in mikroskopischen Maßstäben freigesetzt wird. Um die Funktionsweise der Kernenergie vollständig zu verstehen, müssen wir uns zunächst mit einigen grundlegenden Konzepten vertraut machen:

1. Struktur des Atoms:

o **Atomkern**: Stellen Sie sich das Atom als Miniatur-Sonnensystem vor, mit einem kompakten Kern in seinem Zentrum und Elektronen, die sich um ihn drehen. Der Kern, bestehend aus positiv geladenen Protonen und neutralen Neutronen, hält fast die gesamte Masse des Atoms. Die Elektronen bewegen sich auf bestimmten Energieniveaus um den Kern.

o **Isotope**: Aber nicht alle Atome sind gleich. Einige chemische Elemente existieren in verschiedenen Formen, die Isotope genannt werden. Diese Isotope haben die gleiche Anzahl von Protonen, aber eine unterschiedliche Anzahl von Neutronen, was ihnen einzigartige Eigenschaften verleiht. Zum Beispiel sind Uran-235 und Uran-238 zwei Isotope des Urans.

2. Radioaktivität:

- **Radioaktiver Zerfall**: Einige Atomkerne sind instabil und zerfallen spontan durch Strahlung. Es gibt drei Haupttypen von Strahlung:

  - **Alpha (α)**: Teilchen, die aus zwei Protonen und zwei Neutronen bestehen. Sie haben eine geringe Penetration, sind aber sehr ionisierend. Zum Schutz ist ein einfaches Blatt Papier ausreichend.
  - **Beta (β)**: Elektronen oder Positronen. Sie haben eine mäßige Penetration und sind weniger ionisierend als Alphapartikel. Zum Schutz genügt eine einfache Aluminiumfolie (einige Millimeter).
  - **Gamma (γ)**: Hochenergetische elektromagnetische Wellen. Sie haben eine hohe Penetration und sind am wenigsten ionisierend. Um sich davor zu schützen, muss die Panzerung sehr geschockt sein. Um beispielsweise die Strahlung um nur 30% zu reduzieren, müssen Sie mindestens 4 cm Blei, 30 cm Beton oder 54 cm Erde haben.

3. Nukleare Reaktionen:

- **Spaltung:** Spaltung tritt auf, wenn schwere Kerne in kleinere Fragmente zerbrechen und Energie und Neutronen freisetzen. Wenn ein schwerer Kern wie Uran-235 ein Neutron absorbiert, wird er instabil und teilt sich in zwei leichtere Kerne, die zusätzliche Energie und Neutronen freisetzen.

- **Fusion:** Bei extrem hohen Temperaturen können zwei leichte Kerne zu einem schwereren Kern verschmelzen und eine enorme Menge an Energie freisetzen. Dieser Prozess geschieht natürlich in den Sternen.

4. Kettenreaktionen:

- **Spaltkettenreaktion**: Tauchen wir in das Herz der Kettenreaktion ein, ein subtiles Ballett aus Neutronen und Atomkernen. In einer Spaltungskettenreaktion können die durch die Kernspaltung erzeugten Neutronen die Spaltung anderer Kerne auslösen und so mehr Neutronen und Energie freisetzen. Diese Kaskade von Ereignissen muss in Kernreaktoren sorgfältig überwacht werden, um katastrophale Folgen zu vermeiden.

Fazit

In diesem Kapitel wurde eine ausführliche Einführung in die Kernenergie gegeben, in der die grundlegenden Konzepte, die Geschichte und die Grundprinzipien behandelt wurden. Die Kernenergie beruht auf wohlverstandenen physikalischen Prozessen und hat eine reiche Geschichte wissenschaftlicher Entdeckungen. In den folgenden Kapiteln werden wir ausführlich den Betrieb von Kernreaktoren, die Stromerzeugung aus dieser Energie sowie militärische Anwendungen und Umwelt- und Sicherheitsfragen im Zusammenhang mit der Kernenergie untersuchen.

Kapitel 2 : Die Funktionsweise eines Kernreaktors

Die Arten von Kernreaktoren

Kernreaktoren gibt es in vielen verschiedenen Formen, jede mit ihren eigenen Merkmalen und spezifischen Anwendungen. Hier ist ein detaillierter Überblick über die wichtigsten Arten von Kernreaktoren :

1.**Druckwasserreaktoren (DWR oder PWR - Pressurized Water Reactor).**

o **Funktionsprinzip:** Stellen Sie sich vor, Sie befinden sich im schlagenden Herzen eines Kernreaktors, wo Wärme und Energie in einem spektakulären Tanz miteinander verschmelzen. In einem Druckwasserreaktor ist Wasser der Protagonist, das sowohl als Kühlmittel als auch als Moderator dient. Unter hohem Druck zirkuliert das Wasser durch den Reaktorkern und absorbiert die bei der Kernspaltung freigesetzte Wärme mit bemerkenswerter Effizienz. Dieses erhitzte, aber noch nicht kochende Wasser wird dann in einen Dampferzeuger geleitet, wo es seine Wärme an einen sekundären Wasserkreislauf abgibt und so die Dampferzeugung auslöst, die die stromerzeugenden Turbinen antreibt.

o **Merkmale:** DWR sind in der Welt der Kernenergie ein Symbol für Zuverlässigkeit und Effizienz. Ihr ausgeklügeltes Design sorgt für eine außergewöhnliche thermische Stabilität, während die ausgeklügelte Trennung von Primär- und Sekundärkreislauf das Risiko einer radioaktiven Kontamination der Turbine minimiert. Diese Reaktoren sind die Grundpfeiler vieler Kernkraftwerke auf der ganzen Welt und versorgen Millionen von Haushalten mit einer konstanten und zuverlässigen Stromquelle.

o **Vorteile:** Die Stärke von DWR liegt in ihrer unübertroffenen Stabilität und Sicherheit. Dank der sorgfältigen Trennung von Primär- und Sekundärkreislauf bieten diese Reaktoren eine unschätzbare Ruhe in Bezug auf die nukleare Sicherheit.

o **Nachteile:** Allerdings hat jede Medaille ihre Kehrseite. Der Bau und die Wartung von DWR können teuer und komplex sein und erfordern modernstes technisches Fachwissen und erhebliche finanzielle Investitionen. Doch trotz dieser Herausforderungen bleiben die Vorteile von Druckwasserreaktoren unbestreitbar und bieten eine saubere und sichere Energiequelle für unsere Energiezukunft. Trotzdem bleibt die Rentabilität (Preis pro KW/H) der von diesen Reaktoren erzeugten Energie eine der billigsten der Welt (im Vergleich zu z.B. Wind- oder Solarenergie).

2. **Siedewasserreaktoren (SWR oder BWR - Boiling Water Reactor)**

o **Funktionsprinzip:** In einem Siedewasserreaktor darf das als Kühlmittel und Moderator verwendete Wasser direkt im Reaktorkern sieden, wodurch die Kernenergie in einen starken Dampf umgewandelt wird. Der im Kern erzeugte Dampf wird direkt in die Turbine geleitet, um Strom zu erzeugen.

o **Merkmale:** Siedewasserreaktoren zeichnen sich durch ihr elegantes und effizientes Design aus. Im Gegensatz zu den komplexeren Druckwasserreaktoren verfügen BWR nur über einen einzigen Kreislauf für Kühlmittel und Dampf, was den Betrieb erheblich vereinfacht. Hinter dieser scheinbaren Einfachheit verbirgt sich technologischer Einfallsreichtum, der es den BWR ermöglicht, effizient und zuverlässig Strom zu erzeugen.

o **Vorteile:** Einfachheit ist der Schlüssel. Siedewasserreaktoren bieten im Vergleich zu ihren druckwasserbetriebenen Pendants ein einfacheres Design, was sich in potenziell niedrigeren Baukosten niederschlagen kann. Diese Effizienz bei der Konstruktion macht sie zu einer attraktiven Option für Energieprojekte in großem Maßstab.

o **Nachteile:** Jede Innovation bringt jedoch ihre eigenen Herausforderungen mit sich. Siedewasserreaktoren sind nicht ohne Nachteile. Aufgrund ihres Designs können die Turbine und andere nachgeschaltete Geräte Radioaktivität ausgesetzt sein, was zusätzliche Sicherheitsmaßnahmen zum Schutz der Arbeiter und der Umwelt erfordert.

3. Reaktoren mit schnellen Neutronen (RNR)

o **Funktionsprinzip:** Im Gegensatz zu herkömmlichen thermischen Reaktoren bremsen schnelle Neutronenreaktoren die Neutronen nicht ab. Stattdessen nutzen sie die schnellen Neutronen, um die Spaltung von Atomkernen zu bewirken. Kühlmittel, wie flüssiges Natrium oder Helium, zirkuliert durch den Reaktorkern, um die bei der Kernreaktion entstehende Wärme abzuführen.

o **Merkmale:** DRRs sind Juwelen der Nukleartechnologie und können das in der Natur reichlich vorkommende Uran-238 in den hochreaktiven Kernbrennstoff Plutonium-239 umwandeln. Diese einzigartige Fähigkeit erhöht die Effizienz der Nutzung von Kernbrennstoffen erheblich und verringert die Abhängigkeit von seltenen spaltbaren Materialien.

o **Vorteile:** Stellen Sie sich eine Welt vor, in der jedes Gramm Kernbrennstoff zählt, die Energieeffizienz maximiert und der Atommüll minimiert wird. Das ist die Welt der schnellen Neutronenreaktoren. Ihre Fähigkeit, nicht spaltbare Materialien wie Uran-238 effizient zu nutzen, bietet ein enormes Potenzial für eine nachhaltige Nutzung der Kernenergie. Darüber hinaus bieten die RNR durch die Reduzierung der Menge an langfristigem Atommüll eine attraktive Perspektive für eine sauberere und nachhaltigere Energiezukunft.

o **Nachteile:** Allerdings bringt jede Innovation ihre eigenen Herausforderungen mit sich. Schnelle Neutronenreaktoren sind technologisch komplex und erfordern erhebliches Fachwissen für ihre Konstruktion, ihren Betrieb und ihre Wartung. Darüber hinaus kann die Verwendung von Kühlmitteln wie Natrium aufgrund seiner chemischen Reaktivität zusätzliche Sicherheitsherausforderungen mit sich bringen.

4. Reaktoren mit geschmolzenen Salzen (MSR - Molten Salt Reactor)

o **Funktionsprinzip** : In einem Schmelzsalzreaktor wird der Kernbrennstoff in geschmolzenem Salz aufgelöst, einer erstaunlichen Substanz, die sowohl als Kühlmittel als auch als Brennstofftransporter fungiert. Diese exotische Mischung zirkuliert anmutig durch den Reaktorkern, wo die intensive Wärme der Spaltung eingefangen und an einen Wärmetauscher weitergeleitet wird, um Dampf zu erzeugen und Strom zu erzeugen.

o **Eigenschaften**: MSRs zeichnen sich durch ihre Fähigkeit aus, bei hohen Temperaturen und niedrigem Druck zu arbeiten - eine bemerkenswerte Kombination, die eine überlegene thermische Effizienz und Eigensicherheit bietet. Im Gegensatz zu herkömmlichen Reaktoren machen sich MSRs über Druckbeschränkungen hinweg und bieten so eine größere Flexibilität bei der Konstruktion und dem Betrieb.

o **Vorteile**: Stellen Sie sich eine Welt vor, in der Energie auf saubere, sichere und effiziente Weise erzeugt wird. Das ist die Welt der Salzschmelzreaktoren. Ihr hoher thermischer Wirkungsgrad macht sie zu einer attraktiven Option für die Stromerzeugung, während ihr Betrieb bei niedrigem Druck für mehr Sicherheit und unbezahlbare Ruhe sorgt. Darüber hinaus sind sie aufgrund ihrer Flexibilität bei der Brennstoffnutzung äußerst vielseitig einsetzbar und ebnen den Weg für eine nachhaltigere Nutzung der nuklearen Ressourcen.

o **Nachteile**: Allerdings bringt jeder technologische Fortschritt seine eigenen Herausforderungen mit sich. Bei Reaktoren mit geschmolzenen Salzen müssen technologische Herausforderungen wie die Korrosion von Materialien, die mit geschmolzenen Salzen in Berührung kommen, und die Konstruktion robuster Containment-Systeme bewältigt werden, um die Sicherheit und die Entsorgung radioaktiver Abfälle zu gewährleisten.

5. CANDU-Reaktoren (CANada Deuterium Uranium)

o **Funktionsprinzip** : Die CANDU-Reaktoren kanadischer Bauart zeichnen sich durch die Verwendung von schwerem Wasser, auch bekannt als Deuterium, als Moderator und Kühlmittel aus. Diese gewagte Entscheidung ermöglicht es den CANDUs, Natururan als Brennstoff zu verwenden, wodurch die kostspielige Anreicherung entfällt. Dieser geniale Ansatz ebnet den Weg für eine nachhaltigere Nutzung der nuklearen Ressourcen und bietet ein enormes Potenzial, um den Energiebedarf der Welt zu decken.

o **Merkmale**: Die CANDU-Reaktoren zeichnen sich durch ihr modulares Design und ihre unglaubliche Flexibilität aus. Da sie in der Lage sind, verschiedene Arten von Brennstoffen, einschließlich Thorium, zu verwenden, bieten sie eine Vielseitigkeit, die in der Welt der Kernreaktoren einzigartig ist. Diese Anpassungsfähigkeit ermöglicht es ihnen, sich den wechselnden Bedürfnissen der Energieindustrie anzupassen und für jede Situation eine maßgeschneiderte Lösung zu bieten.

o **Vorteile**: In der anspruchsvollen Welt der Kernenergie zeichnen sich CANDU-Reaktoren durch die Verwendung nicht angereicherter Brennstoffe aus, wodurch die mit der Urananreicherung verbundenen Kosten und Risiken gesenkt werden. Darüber hinaus ermöglicht ihr Design ein Online-Nachladen, was eine unübertroffene Flexibilität beim Brennstoffmanagement bietet und einen kontinuierlichen und effizienten Betrieb sicherstellt. Schließlich macht ihre hohe thermische Effizienz sie zu einer attraktiven Option für die Stromerzeugung und bietet damit eine nachhaltige Energielösung für künftige Generationen.

o **Nachteile**: Allerdings bringt jeder technologische Fortschritt auch seine Herausforderungen mit sich. Die CANDU-Reaktoren sind da keine Ausnahme. Die hohen Kosten für schweres Wasser und die mit dem Kühlmittelmanagement verbundene Komplexität sind Herausforderungen, die es zu bewältigen gilt. Diese Hindernisse werden jedoch durch die substanziellen Vorteile, die diese innovative Technologie bietet, mehr als ausgeglichen.

Die Bestandteile eines Kernreaktors

Tauchen wir ein in die aufregenden Eingeweide eines Kernreaktors, wo jede Komponente eine entscheidende Rolle im heiklen Tanz der Kernspaltung spielt. Hier erhalten Sie einen tiefen Einblick in die wichtigsten Elemente, die das Herz dieser technologischen Monster schlagen lassen :

1. **Reaktorbehälter**

    o **Funktion**: Stellen Sie sich eine Festung aus Stahl vor, die unbeeindruckt von Hitze- und Druckstürmen ist. Der Reaktordruckbehälter aus Spezialstählen und widerstandsfähigen Legierungen beherbergt den Reaktorkern und das wertvolle Kühlmittel und garantiert einen sicheren Zufluchtsort für die darin ablaufende Kernreaktion.

    o **Materialien**: Meist aus rostfreiem Stahl oder anderen korrosions- und strahlungsbeständigen Legierungen.

2. **Brennstäbe**

    o **Zweck**: Tauchen Sie ein in die Intimität des Reaktorkerns, wo die Geheimnisse der Kernspaltung in winzigen Uranpellets verborgen sind. Brennstäbe, Metallrohre, die diese spaltbaren Juwelen enthalten, sind die Handwerker der Kernkraft und setzen die in den Atomkernen eingeschlossene Energie frei.

    o **Zusammensetzung**: Brennstäbe bestehen in der Regel aus Pellets aus Urandioxid (UO_2), die in Metallrohren, den sogenannten Hülsen, gestapelt sind.

3. **Moderator**

    o **Funktion**: Stellen Sie sich einen Zeremonienmeister vor, der den Tanz der Neutronen orchestriert. Der Moderator, ob aus Wasser, schwerem Wasser oder Graphit, bremst die ungestümen Neutronen ab, gibt ihnen Zeit, neue Reaktionen auszulösen und die Kettenreaktion unter Kontrolle zu halten. Wasser, schweres Wasser und Graphit sind häufig verwendete Moderatoren.

    o **Rolle in der Sicherheit**: Durch die Verlangsamung der Neutronen trägt der Moderator dazu bei, die Kettenreaktion kontrolliert aufrechtzuerhalten.

4. **Kontrollstäbe**

    o **Funktion**: Wie wachsame Wächter regulieren die Kontrollstäbe den Neutronenfluss und behalten die Leistung des Reaktors genau im Auge. Indem sie in den Kern eingesetzt oder aus ihm herausgezogen werden, spielen sie eine entscheidende Rolle dabei, die Reaktion auf einem sicheren und kontrollierten Niveau zu halten.

    o **Materialien**: Bestehen oft aus Bor, Kadmium oder Silber, die gute Neutronenabsorber sind.

5. **Dampferzeuger**

    o **Funktion**: Stellen Sie sich einen Wärmeerzähler vor, der die Kernenergie in einen Dampfhauch verwandelt. Der Dampferzeuger, ein Wunderwerk der Technik, fängt die Wärme des Primärkühlmittels auf und leitet sie an einen Sekundärkreislauf weiter, wo sie zum Lebensatem wird, der die Turbinen antreibt.

    o **Design**: Wesentlich in PWRs, wo die Trennung der Kreisläufe für die Isolierung von Radioaktivität sorgt.

6. **Kühlsystem**

o **Funktion**: Betreten Sie das Reich der Kühlerwächter, wo leistungsstarke Pumpen, majestätische Kühltürme und ausgeklügelte Wärmetauscher dafür sorgen, dass der Reaktor auf einer idealen Temperatur bleibt und so Überhitzung und eine Katastrophe verhindert werden.

o **Bedeutung**: Verhindert Überhitzung und Kernschmelze.

7. **Containment-Behälter**

    o **Bedeutung**: Wie schützende Wächter umgeben die Sicherheitsbehälter den Reaktor, bereit, jede radioaktive Bedrohung abzuwehren. Aus Stahlbeton und robustem Stahl gebaut, sorgen diese Sicherheitsfestungen dafür, dass jedes Leck eingeschlossen bleibt, und schützen so die Umwelt und die umliegende Bevölkerung.

    o **Konstruktion**: Meist aus Stahlbeton und Stahl, mit Filtersystemen für Gase.

Obwohl die Kernspaltung auf komplexen subatomaren Prozessen beruht, führt sie zu einer massiven Energieumwandlung, die in der Lage ist, den Strom zu erzeugen, der zur Versorgung ganzer Städte benötigt wird. Die Feinheiten jedes einzelnen Schrittes zu verstehen - von der Initiierung der Spaltung über die Steuerung der Kettenreaktion bis hin zur Wärmeerzeugung - ist entscheidend, um den Einfallsreichtum hinter den Kernreaktoren und ihr enormes Potenzial in der globalen Energielandschaft zu würdigen.

Der Prozess der Kernspaltung

Die Kernspaltung, die das Herzstück eines jeden Kernreaktors ist, ist ein subtiler Tanz subatomarer Teilchen, der so inszeniert ist, dass eine enorme Menge an Energie freigesetzt wird. Lassen Sie uns dieses faszinierende Phänomen Schritt für Schritt entschlüsseln :

1. **Beginn der Spaltung**

    o **Thermisches Neutron**: Alles beginnt mit einem Neutron, aber nicht irgendeinem Neutron. Um eine Spaltung auszulösen, muss dieses Neutron „thermisch" sein, d. h. langsam. Thermische Neutronen sind am effektivsten bei der Wechselwirkung mit Uran-235-Kernen, dem am häufigsten verwendeten Brennstoff in Kernreaktoren.

    o **Bildung eines instabilen Kerns**: Wenn ein thermisches Neutron auf einen Uran-235-Kern trifft, wird es von diesem absorbiert. Durch diese Absorption wird das Uran-235 in Uran-236 umgewandelt. Uran-236 ist jedoch extrem instabil, da der resultierende Kern eine übermäßige Energie besitzt, die ihn spaltungsbereit macht.

2. **Spaltung des Kerns**

    o **Kernspaltung**: Uran-236, das zu instabil ist, um lange zu existieren, spaltet sich schnell in zwei leichtere Fragmente, die sogenannten Spaltprodukte. Bei diesem Teilungsprozess wird eine enorme Menge an Energie in Form von Wärme freigesetzt. Bei den Spaltprodukten handelt es sich häufig um Elemente wie Krypton und Barium, obwohl es auch eine Vielzahl anderer Kombinationen geben kann.

o **Neutronenfreisetzung**: Neben der Erzeugung von Spaltfragmenten werden bei der Kernspaltung auch mehrere schnelle Neutronen (meist zwei oder drei) freigesetzt. Diese neu freigesetzten Neutronen spielen eine entscheidende Rolle bei der Fortführung des Spaltungsprozesses.

3. **Kettenreaktion**

    o **Sekundäre Neutronen**: Die bei der Spaltung freigesetzten schnellen Neutronen können zu thermischen Neutronen abgebremst werden, die bereit sind, von anderen Uran-235-Kernen eingefangen zu werden. Dieser Prozess kann zu einer weiteren Spaltung führen, wodurch eine Kettenreaktion entsteht. Diese Kettenreaktion ist für die Aufrechterhaltung einer kontinuierlichen Energieproduktion von entscheidender Bedeutung.

    o **Reaktionskontrolle**: Um zu verhindern, dass die Reaktion außer Kontrolle gerät, werden Kontrollstäbe eingesetzt. Diese Stäbe, die oft aus Materialien wie Bor oder Cadmium bestehen, absorbieren einige der freien Neutronen und verringern so die Anzahl der Neutronen, die für weitere Spaltungen zur Verfügung stehen. Durch die Anpassung der Position dieser Stäbe können die Betreiber die Geschwindigkeit der Kettenreaktion genau regulieren und so die Sicherheit und Stabilität des Reaktors aufrechterhalten.

4. **Erzeugung von Wärme**

    o **Freigesetzte Energie**: Bei jedem Spaltungsereignis werden etwa 200 MeV (Mega-Elektronenvolt) Energie freigesetzt. Um das in Relation zu setzen: 1 MeV entspricht $1,60218 \times 10^{-13}$ Joule, also setzt die Spaltung eines einzigen Uran-235-Kerns eine erhebliche Menge an Energie frei, hauptsächlich in Form von Wärme.

    o **Wärmeübertragung**: Diese Wärme wird dann auf das Kühlmittel übertragen, das aus Wasser, flüssigem Natrium oder anderen Materialien bestehen kann. Während das Kühlmittel um den Reaktorkern zirkuliert, absorbiert es die Wärme, die bei den aufeinanderfolgenden Spaltungen entsteht. Diese Wärme wird dann zur Erzeugung von Dampf in einem Dampferzeuger genutzt, der wiederum Turbinen zur Stromerzeugung antreibt.

Obwohl die Kernspaltung auf komplexen subatomaren Prozessen beruht, führt sie zu einer massiven Energieumwandlung, die in der Lage ist, den Strom zu erzeugen, der für die Versorgung ganzer Städte erforderlich ist. Die Feinheiten jedes Schrittes zu verstehen - von der Initiierung der Spaltung über die Steuerung der Kettenreaktion bis hin zur Wärmeerzeugung - ist entscheidend, um den Einfallsreichtum hinter den Kernreaktoren und ihr enormes Potenzial in der globalen Energielandschaft zu würdigen.

Detailliertes Schema eines Reaktors im Betrieb

Um zu verstehen, wie die Komponenten eines Reaktors zusammenwirken, schauen wir uns die Funktionsweise eines Druckwasserreaktors (PWR) genauer an. Dieser weit verbreitete Reaktortyp verwendet Wasser unter hohem Druck als Kühlmittel und Moderator. Hier eine detaillierte Beschreibung seiner Funktionsweise mit einem vereinfachten Schema :

Detailliertes Schema eines funktionierenden Reaktors

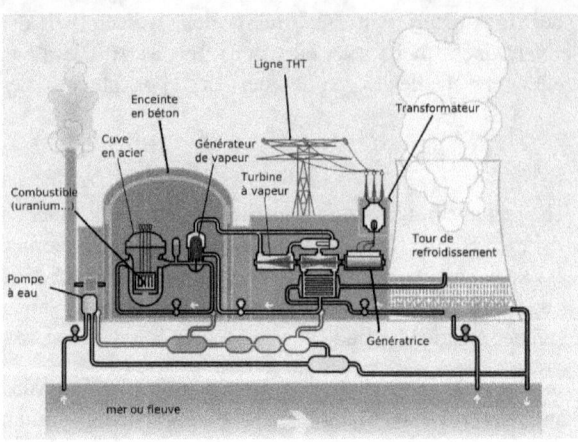

1. **Reaktorkern**

    o **Anordnung der Brennstäbe**: Die Brennstäbe, die das spaltbare Material (wie Uran-235) enthalten, sind im Reaktordruckbehälter zu Brennelementen angeordnet. Diese Brennelemente sind so angeordnet, dass die Kettenreaktion der Kernspaltung optimiert wird. Durch die genaue geometrische Anordnung wird die Effizienz der Reaktion maximiert und gleichzeitig eine gleichmäßige Verteilung der erzeugten Wärme sichergestellt.

    o **Moderator und Kühlmittel** : Wasser unter hohem Druck zirkuliert um die Brennstäbe und spielt dabei eine entscheidende Doppelrolle. Als Moderator verlangsamt es die schnellen Neutronen und erhöht so die Wahrscheinlichkeit, dass Uran-235-Kerne gespalten werden. Als Kühlmittel absorbiert es die bei der Kernspaltung entstehende Wärme und transportiert sie zu den Dampfgeneratoren.

2. **Dampferzeuger**

    o **Wärmeübertragung**: Das im Primärkreislauf erhitzte Wasser fließt zu den Dampferzeugern. Diese Geräte sind Wärmetauscher, in denen das Wasser aus dem Primärkreislauf, das immer unter hohem Druck steht, um ein Sieden zu verhindern, seine Wärme an einen sekundären Wasserkreislauf abgibt. Diese Wärme verdampft das Wasser im Sekundärkreislauf und erzeugt so Dampf, der die Turbinen antreibt.

3. **Sekundärkreislauf**

    o **Dampferzeugung** Der in den Dampferzeugern erzeugte Dampf wird über Rohrleitungen zu den Turbinen geleitet. Dieser Dampf steht unter hohem Druck und hoher Temperatur, wodurch er in der Lage ist, eine beträchtliche mechanische Energie zu erzeugen.

    o **Umwandlung von Wärme in Elektrizität**: Der Dampf treibt die Turbinen an, die an Stromgeneratoren angeschlossen sind. Beim Drehen wandeln die Turbinen die Wärmeenergie des Dampfes in mechanische Energie um, die dann von den Generatoren in elektrische Energie umgewandelt wird. Diese Elektrizität wird dann in das Netz geleitet und an die Verbraucher verteilt.

4. **Kühlsystem**

- **Kondensation des Dampfes**: Nachdem der Dampf die Turbinen durchlaufen hat, hat er einen Teil seiner Energie verloren und wird in Kondensatoren zu Wasser kondensiert. Die Kondensatoren nutzen einen Kaltwasserkreislauf, um die Restwärme des Dampfes zu absorbieren und ihn so wieder in flüssiges Wasser umzuwandeln.

- **Kühlturm** : Das heiße Wasser aus dem Kondensator wird anschließend in Kühltürmen abgekühlt. Diese Türme nutzen die Verdunstung, um die Wärme an die Atmosphäre abzugeben. Das abgekühlte Wasser fließt dann zurück in den Kreislauf, vervollständigt den Kühlkreislauf und sorgt für die kontinuierliche Effizienz des Reaktors.

5. **Sicherheitsbehälter (Containment)**

   - **Sicherheitsstruktur**: Um die Sicherheit zu gewährleisten, sind der Reaktorkern und die Primärkreisläufe in einem robusten Sicherheitsbehälter eingeschlossen. Diese Struktur, in der Regel aus Stahlbeton, ist so konzipiert, dass sie im Falle eines Unfalls das Austreten von radioaktiven Stoffen eindämmt. Das Containment ist die letzte Verteidigungslinie, um die Freisetzung von Radioaktivität in die Umwelt zu verhindern und damit die Sicherheit von Mensch und Umwelt zu gewährleisten.

Schlussfolgerung

Dieses Kapitel hat einen umfassenden Überblick über die Arten von Kernreaktoren, die wesentlichen Bestandteile eines Reaktors, den Prozess der Kernspaltung und das detaillierte Funktionsschema eines Reaktors im Betrieb vermittelt. Wenn wir diese Elemente verstehen, können wir die Komplexität und Raffinesse moderner Kernreaktoren sowie die notwendigen Vorsichtsmaßnahmen für ihren sicheren und effizienten Betrieb einschätzen. In den folgenden Kapiteln untersuchen wir, wie diese Energie in Elektrizität umgewandelt wird, die militärischen Anwendungen der Kernenergie sowie Umwelt- und Sicherheitsüberlegungen.

Kapitel 3 : Von der Spaltung zur Elektrizität

Bei der Kernspaltung entsteht eine immense Menge an Wärme, die das atomare Potenzial in eine gewaltige thermische Energiequelle verwandelt. In diesem Kapitel wird untersucht, wie diese Wärme in Elektrizität umgewandelt wird - ein Prozess, der zwar komplex, aber bemerkenswert effizient ist und das Herzstück der Kernenergieerzeugung bildet. Wir tauchen in die Details der Funktionsweise von Dampferzeugern, Turbinen, dem Sekundärkreislauf und dem Kühlsystem ein, während wir die Energieeffizienz von Kernkraftwerken untersuchen.

Umwandlung von Wärmeenergie in elektrische Energie

Das Herzstück des Stromerzeugungsprozesses in einem Kernkraftwerk ist die Umwandlung der bei der Kernspaltung erzeugten Wärmeenergie in elektrische Energie. Die wichtigsten Schritte dieser Umwandlung sind folgende:

1. **Wärmeerzeugung durch Kernspaltung :**

    o **Spaltungsreaktion**: Wenn sich die Kerne von Uran-235 oder Plutonium-239 teilen, setzen sie eine große Menge an Wärme frei. Diese Wärme wird hauptsächlich vom Kühlmittel absorbiert, das im Reaktorkern zirkuliert.

    o **Wärmemanagement**: Die erzeugte Wärme muss effizient aus dem Reaktor abgeleitet werden, um eine Überhitzung zu vermeiden und zur Stromerzeugung genutzt zu werden.

2. **Wärmeübertragung auf den Dampferzeuger :**

    o **Primärkreislauf**: Das Kühlmittel, das Wasser unter hohem Druck, flüssiges Natrium oder ein anderes Fluid sein kann, zirkuliert im Reaktorkern und nimmt die Wärme der Spaltung auf.

    o **Wärmeaustausch**: Dieses heiße Kühlmittel wird dann zu einem Dampferzeuger geleitet, wo es seine Wärme an einen sekundären Wasserkreislauf abgibt und dieses Wasser in Dampf umwandelt.

3. **Erzeugung von Dampf :**

    o **Dampferzeuger**: Das Wasser im Sekundärkreislauf, das mit dem heißen Kühlmittel in Berührung kommt, verdampft und bildet bei hohem Druck und hoher Temperatur Dampf.

    o **Isolierung der Kreisläufe**: In Druckwasserreaktoren (PWR) sind Primär- und Sekundärkreislauf getrennt, um eine radioaktive Kontamination der Turbine zu verhindern.

4. **Umwandlung von Dampf in mechanische Energie :**

- **Turbinen**: Der unter hohem Druck stehende Dampf wird auf Turbinen geleitet, wo er die Turbinenschaufeln in Drehung versetzt. Diese mechanische Rotation ist der erste Schritt zur Stromerzeugung.

- **Generatoren**: Die Turbinen sind mit elektrischen Generatoren verbunden. Wenn sich die Turbinen drehen, treiben sie die Generatoren an und wandeln mechanische Energie durch die Rotation von Magneten in einem Magnetfeld in elektrische Energie um, wodurch elektrischer Strom erzeugt wird.

Dampfgeneratoren und Turbinen

Dampferzeuger und Turbinen spielen eine entscheidende Rolle bei der Umwandlung von Wärmeenergie in elektrische Energie. Hier ist ein detaillierter Überblick über ihre Funktionsweise und Bedeutung :

1. **Dampfgeneratoren :**

    - **Funktion**: Dampferzeuger spielen eine entscheidende Rolle bei der Umwandlung von Wärmeenergie in mechanische Energie. Ihre Hauptfunktion besteht darin, die Wärme vom primären Kühlmittel auf den sekundären Wasserkreislauf zu übertragen und so Dampf zu erzeugen. In einem Druckwasserreaktor (PWR) zirkuliert Wasser unter hohem Druck, das die Wärme der Kernspaltung absorbiert hat, durch die Rohre des Dampferzeugers. Diese Wärme wird dann auf das Wasser im Sekundärkreislauf übertragen, das sich in Dampf verwandelt. Dieser Dampf mit hohem Druck und hoher Temperatur wird dann auf die Turbinen geleitet, um Strom zu erzeugen.

    - **Konstruktion :**

Der Bau von Dampferzeugern ist eine technische Meisterleistung :

Heizrohre : Dampferzeuger bestehen aus Hunderten oder sogar Tausenden dünner Rohre aus speziellen Legierungen, die hohen Temperaturen und Drücken standhalten können. Innerhalb dieser Rohre zirkuliert das primäre Kühlmittel.

Äußere Hülle : Die Rohre sind in einem großen zylindrischen Mantel untergebracht, in dem das Wasser des Sekundärkreislaufs zirkuliert. Wenn dieses Wasser mit den vom Primärkühlmittel erhitzten Rohren in Berührung kommt, verwandelt es sich in Dampf.

Isolierung und Sicherheit: Der Außenmantel ist so konstruiert, dass er das Primärkühlmittel isoliert und so eine radioaktive Kontamination des Sekundärkreislaufs verhindert. Dies gewährleistet eine sichere und effiziente Trennung zwischen den beiden Kreisläufen.

    - **Effizienz :**

Die Effizienz von Dampferzeugern ist entscheidend für die Maximierung der Energieerzeugung und die Minimierung von Wärmeverlusten :

Optimierte Wärmeübertragung: Das Design der Rohre und ihre Anordnung zielen darauf ab, die Kontaktfläche zwischen dem primären Kältemittel und dem Wasser des Sekundärkreislaufs zu maximieren. Je größer die Kontaktfläche, desto effizienter ist die Wärmeübertragung.

Minimierung von Verlusten : Dampferzeuger werden auch so konstruiert, dass Wärmeverluste minimiert werden, indem fortschrittliche Isoliermaterialien verwendet und der Wärmefluss optimiert werden.

2. **Turbinen** :

o **Funktion**: Turbinen sind Maschinen, die die thermische Energie von Dampf in mechanische Energie umwandeln. Hochdruckdampf, der von Dampferzeugern erzeugt wird, dreht die Schaufeln der Turbinen und erzeugt so eine mechanische Rotation. Diese Rotation wird dann zum Antrieb von Stromgeneratoren genutzt.

o **Turbinentypen**: Es gibt verschiedene Arten von Turbinen, die in Kernkraftwerken eingesetzt werden:

Hochdruckturbinen: Der Hochdruckdampf tritt zunächst in die Hochdruckturbinen ein, wo er einen Teil seiner Wärmeenergie verliert, indem er die Turbinenschaufeln dreht.

Niederdruckturbinen: Nachdem der Dampf die Hochdruckturbinen durchlaufen hat, wird er wieder erwärmt und in die Niederdruckturbinen umgeleitet. Dadurch wird die Energiegewinnung aus dem Dampf maximiert, wobei ein mehrstufiger Ansatz verwendet wird, um so viel Energie wie möglich zu gewinnen.

o **Materialien und Design** :

Turbinen müssen aus Materialien hergestellt werden, die in der Lage sind

extremen Bedingungen standhalten können :

Materialien: Turbinen werden häufig aus

aus Hochleistungslegierungen, die in der Lage sind, hohen Temperaturen zu widerstehen

hohen Temperaturen und Korrosion standhalten können.

Schaufeldesign: Die Schaufeln von Turbinen werden

so gestaltet, dass sie die Effizenz bei der Umwandlung der Dampfenergie maximieren.

in mechanische Rotation umzuwandeln. Ihre Form und Anordnung wird optimiert, um

Energieverluste zu minimieren und den Wirkungsgrad zu maximieren.

Elektrische Generatoren :

o **Funktion**: Elektrische Generatoren wandeln die mechanische Energie von Turbinen in elektrische Energie um. Wenn sich die Turbinen drehen, treiben sie die Rotoren der Generatoren an. Diese Rotoren sind mit Magneten ausgestattet, die bei ihrer Drehung ein Magnetfeld erzeugen. Dieses Magnetfeld induziert einen elektrischen Strom in den Drahtspulen, die um den Stator gewickelt sind, und erzeugt so Elektrizität.

o **Wirkungsgrad** :

Hoher Wirkungsgrad: Moderne Generatoren können bei der Energieumwandlung einen Wirkungsgrad von über 98% erreichen. Das bedeutet, dass fast die gesamte mechanische Energie der Turbinen mit sehr geringen Verlusten in elektrische Energie umgewandelt wird.

Fortschrittliche Technologie: Generatoren verwenden fortschrittliche Technologien, um den magnetischen Fluss zu optimieren und Energieverluste zu minimieren, wodurch eine möglichst effiziente Stromerzeugung gewährleistet wird.

Der Sekundärkreislauf und das Kühlsystem

Der Sekundärkreislauf und das Kühlsystem sind entscheidend für die Umwandlung von Wärmeenergie in Elektrizität und die Aufrechterhaltung sicherer Temperaturen im Kernkraftwerk. Wir wollen ihre Funktionsweise aufschlüsseln, um zu verstehen, wie sie zur Effizienz und Sicherheit eines Kernkraftwerks beitragen.

1. **Sekundärkreislauf** :

    o **Funktion**: Der Sekundärkreislauf hat die Aufgabe, den in den Dampferzeugern erzeugten Dampf zu den Turbinen zu transportieren. Dieser Kreislauf sorgt für einen kontinuierlichen Zyklus der Stromerzeugung und des Wärmemanagements :

    Dampftransport: Der durch das primäre Kühlmittel in den Dampferzeugern erzeugte Hochdruckdampf wird zu den Turbinen geleitet. Dieser Dampf treibt die Turbinen an und erzeugt dabei mechanische Energie, die von den Generatoren in Elektrizität umgewandelt wird.

    Kondensation und Rezirkulation: Nachdem der verbrauchte Dampf die Turbinen durchlaufen hat, muss er in flüssiges Wasser umgewandelt werden, um wiederverwendet zu werden. Dieser Prozess ist entscheidend, um den Kreislauf der Dampferzeugung zu schließen.

o **Kondensatoren**: Kondensatoren spielen in diesem Zyklus eine entscheidende Rolle:

Funktionsweise von Kondensatoren: Sie verwenden Wärmetauscher, um den Dampf in flüssiges Wasser umzuwandeln. Das Kühlwasser, das aus Kühltürmen oder natürlichen Quellen wie Flüssen oder Seen stammen kann, zirkuliert durch die Kondensatoren und nimmt die Wärme aus dem Dampf auf.

Umweltauswirkungen: Kühlwasser kann Auswirkungen auf die Umwelt haben, insbesondere auf aquatische Ökosysteme, wenn es direkt aus einer natürlichen Quelle entnommen und mit einer höheren Temperatur wieder abgegeben wird.

o **Rezirkulation**: Nachdem der Dampf zu Wasser kondensiert ist, wird er zu den Dampferzeugern zurückgeführt, um den Zyklus erneut zu durchlaufen:

Abpumpen des kondensierten Wassers: Leistungsstarke Pumpen leiten das kondensierte Wasser zurück in die Dampferzeuger. Dieser Kreislauf sorgt für eine kontinuierliche Dampf- und Stromerzeugung.

2. **Kühlsystem** :

o **Kühltürme** : Kühltürme sind ikonische Strukturen in Kernkraftwerken und spielen eine entscheidende Rolle beim Wärmemanagement :

Wärmeableitung: Sie leiten die überschüssige Wärme aus dem Sekundärkreislauf ab, indem sie die Umgebungsluft nutzen. Das heiße Wasser aus den Kondensatoren wird zu den Kühltürmen gepumpt, wo es durch die Luft gekühlt wird, bevor es zu den Kondensatoren zurückkehrt.

Arten von Kühltürmen: Es gibt verschiedene Arten von Kühltürmen, darunter Türme mit natürlichem Zug und Türme mit erzwungenem Zug, die Ventilatoren verwenden, um den Luftstrom zu verbessern.

o **Direkte Kühlung**: Einige Kraftwerke verwenden direkte Kühlsysteme, um die Wärme abzuführen :

Nutzung natürlicher Quellen: Das Kühlwasser wird direkt aus einer natürlichen Quelle, wie einem See oder Fluss, entnommen und nach Gebrauch zurückgeführt. Dieses System ist einfach und effizient, kann aber ökologische Auswirkungen haben, insbesondere durch die Störung aquatischer Lebensräume und die Erhöhung der Temperatur des aufnehmenden Wassers.

3. **Management der Restwärme :**

o **Notfallsystem**: Auch nach der Abschaltung eines Reaktors bleibt Restwärme übrig, die verwaltet werden muss, um das Risiko einer Überhitzung zu vermeiden :

Notkühlung: Die Reaktoren sind mit Notkühlsystemen ausgestattet, die die Aufgabe übernehmen, diese Restwärme abzuführen. Diese Systeme sind entscheidend für die Sicherheit des Reaktors, wenn das Hauptsystem ausfällt.

Überhitzungsschutz: Diese Systeme sorgen dafür, dass der Reaktor auch in Notfällen oder bei längeren Abschaltungen auf einer sicheren Temperatur bleibt.

o **Thermische Effizienz**: Ein effizientes Wärmemanagement ist für den optimalen Betrieb des Kraftwerks von entscheidender Bedeutung :

Maximierung des Wirkungsgrads: Ein effektives Abwärme- und Kühlungsmanagement maximiert die Energieeffizienz des Kraftwerks. Je effizienter die Wärme genutzt und abgeführt wird, desto optimierter ist die Stromerzeugung.

Sicherheit: Ein rigoroses Wärmemanagement ist auch für die allgemeine Sicherheit des Kraftwerks entscheidend, da es Überhitzungsrisiken vermeidet und einen kontinuierlichen Betrieb ohne Unterbrechungen gewährleistet.

Energieeffizienz von Kernkraftwerken

Die Energieeffizienz von Kernkraftwerken ist ein Schlüsselindikator für ihre Gesamtleistung und Effizienz. Wir wollen diesen Wirkungsgrad eingehend analysieren, um zu verstehen, wie diese Anlagen die Energie aus der Kernspaltung optimal in Elektrizität umwandeln :

1. **Definition des Wirkungsgrads** :

o **Thermischer Wirkungsgrad**: Der thermische Wirkungsgrad ist das Verhältnis zwischen der erzeugten elektrischen Energie und der thermischen Energie, die ursprünglich durch die Kernspaltung erzeugt wurde. Typischerweise liegt dieser Wirkungsgrad zwischen 33% und 37%. Das bedeutet, dass von 100 Einheiten der durch die Kernspaltung erzeugten Wärmeenergie etwa 33 bis 37 Einheiten in nutzbare Elektrizität umgewandelt werden. Der Rest der Energie wird häufig als Abwärme abgegeben, die hauptsächlich über das Kühlsystem abgeführt wird.

2. **Faktoren, die den Wirkungsgrad beeinflussen** :

Mehrere Faktoren bestimmen die Effizienz, mit der ein Kernkraftwerk Wärme in Strom umwandelt:

Effizienz der Wärmeübertragung: Das Design der Dampferzeuger und die Qualität der verwendeten Materialien haben einen großen Einfluss auf die Fähigkeit, Wärme optimal zu übertragen.

Leistung von Turbinen und Generatoren: Turbinen müssen die Energie des Dampfes effizient in mechanische Energie umwandeln, und Generatoren müssen diese mechanische Energie dann mit möglichst geringen Verlusten in Elektrizität umwandeln.

Kühlungsmanagement: Ein effektives Abwärmemanagement und ein gutes Kühlsystem sind entscheidend für die Aufrechterhaltung einer optimalen Temperatur und die Vermeidung übermäßiger Energieverluste.

3. **Vergleich mit anderen Energiequellen** :

o **Kraftwerke für fossile Brennstoffe**: Kohle- und Erdgaskraftwerke haben einen ähnlichen thermischen Wirkungsgrad wie Kernkraftwerke, der häufig zwischen 35% und 45% liegt. Allerdings stoßen diese Kraftwerke eine große Menge an Treibhausgasen aus, was sie aus ökologischer Sicht im Vergleich zu Kernkraftwerken, die sehr wenig CO_2 produzieren, weniger attraktiv macht.

o **Wasserkraftwerke**: Wasserkraftwerke gehören mit Wirkungsgraden von 70% bis 90% zu den effizientesten Kraftwerken. Sie wandeln die mechanische Energie des Wassers direkt in Elektrizität um, wodurch die Energieverluste minimiert werden. Ihre Abhängigkeit von der Verfügbarkeit von Wasserressourcen begrenzt jedoch ihre Kapazität und ihren geografischen Einsatz.

o **Erneuerbare Energien**: Windturbinen und Sonnenkollektoren haben je nach Umweltbedingungen unterschiedliche Wirkungsgrade. Windkraftanlagen haben z. B. einen Gesamtwirkungsgrad von rund 35 %, wobei dieser Wert je nach Windgeschwindigkeit schwanken kann. Solarpaneele hingegen haben Wirkungsgrade, die in der Regel zwischen 15% und 20% liegen, wobei ihre Effizienz von der Sonneneinstrahlung abhängt. Produktionsunterbrechungen (kein Wind oder Sonnenschein) wirken sich ebenfalls auf ihre Gesamtenergieeffizienz aus.

4. **Verbesserung des Wirkungsgrades** :

o **Fortschrittliche Technologie**: Die Reaktoren der Generationen III+ und IV stellen bedeutende Fortschritte bei der thermischen Effizienz und der Reduzierung von Energieverlusten dar:

Brayton CO2 Supercritical Cycles: Diese thermodynamischen Zyklen nutzen Kohlendioxid in überkritischen Zuständen, um die Effizienz bei der Umwandlung von Wärme in Elektrizität zu verbessern.

Fortgeschrittene Materialien: Durch die Verwendung von Materialien, die höheren Temperaturen standhalten können, kann die Betriebstemperatur der Reaktoren erhöht werden, wodurch sich der thermische Wirkungsgrad verbessert.

o **Kraft-Wärme-Kopplung**: Die Kraft-Wärme-Kopplung ist eine Strategie, um die Gesamtenergieeffizienz eines Kernkraftwerks zu erhöhen. Sie besteht darin, die Abwärme, die normalerweise verloren geht, für industrielle Anwendungen oder Fernwärme zu nutzen. Durch die Nutzung dieser Wärme für industrielle Prozesse oder zum Heizen von Gebäuden kann das Kraftwerk eine wesentlich höhere Gesamtenergieeffizienz erreichen, die oft über 70% liegt.

Schlussfolgerung

Die Energieeffizienz von Kernkraftwerken ist ein entscheidendes Maß für ihre Leistung. Obwohl die thermischen Wirkungsgrade derzeit bei 33% bis 37% liegen, versprechen fortschrittliche Technologien und Strategien wie die Kraft-Wärme-Kopplung eine Verbesserung dieser Effizienz. Im Vergleich zu anderen Energiequellen bieten Kernkraftwerke einen guten Kompromiss zwischen Effizienz und Umweltauswirkungen und produzieren zuverlässigen Strom mit sehr geringen Treibhausgasemissionen. Durch weitere Innovationen und die Optimierung bestehender Technologien können Kernkraftwerke noch effizienter werden und eine Schlüsselrolle bei der weltweiten Energiewende spielen.

Kapitel 5 : Militärische Anwendungen der Kernenergie

Die Kernenergie wird zwar hauptsächlich zur Stromerzeugung und für andere zivile Zwecke genutzt, hat aber auch wichtige militärische Anwendungen. Dieses Kapitel befasst sich eingehend mit der Entwicklung von Kernwaffen, den Funktionsprinzipien der Atombombe, der Unterscheidung zwischen ziviler und militärischer Nutzung der Kernenergie sowie den Herausforderungen, die sich aus der Verbreitung von Kernwaffen und den internationalen Bemühungen zu ihrer Kontrolle ergeben.

Die Entwicklung von Atomwaffen

1. **Historische Ursprünge** :

o **Manhattan-Projekt**: 1942, inmitten des Zweiten Weltkriegs, starteten die Vereinigten Staaten das Manhattan-Projekt, ein streng geheimes Unternehmen, das die Entwicklung der ersten Atombombe zum Ziel hatte. Unter der wissenschaftlichen Leitung von Robert Oppenheimer und dem Management von General Leslie Groves mobilisierte das Projekt enorme personelle und materielle Ressourcen, an denen führende Forscher wie Enrico Fermi, Richard Feynman und Niels Bohr beteiligt waren. Am 16. Juli 1945 wurde der erste Atomtest mit dem Spitznamen „Trinity" in der Wüste von New Mexico durchgeführt und demonstrierte die verheerende Kraft dieser neuen Waffe.

Wenige Wochen später wurden die Bomben „Little Boy" und „Fat Man" über Hiroshima und Nagasaki abgeworfen, was zu einer beispiellosen Zerstörung führte und das Ende des Zweiten Weltkriegs beschleunigte. Diese Ereignisse markierten nicht nur den Beginn des Atomzeitalters, sondern offenbarten auch das zerstörerische Potenzial von Atomwaffen und beeinflussten die internationale Politik nachhaltig.

o **Wettrüsten** : Die Demonstration der nuklearen Macht durch die USA veranlasste andere Nationen, ihre eigenen Arsenale zu entwickeln. Die Sowjetunion testete 1949 ihre erste Atombombe und löste damit ein intensives Wettrüsten aus. Während des Kalten Krieges investierten die USA und die Sowjetunion massiv in die Forschung und Entwicklung neuer Atomwaffen und führten so zu einer Verbreitung von Massenvernichtungswaffen.

2. **Technologische Entwicklung** :

o **Spaltung und Fusion**: Die ersten Atomwaffen, die auf der Spaltung basierten, verwendeten Uran-235 oder Plutonium-239, um verheerende Kettenreaktionen auszulösen. Diese Bomben, die als „A-Bomben" (für „atomar") bekannt sind, wurden bald von noch beeindruckenderen Fortschritten durch die Entwicklung thermonuklearer Bomben oder „H-Bomben" (für „Wasserstoff") gefolgt.

H-Bomben nutzen die Kernfusion - denselben Prozess, der auch die Sonne antreibt -, um eine viel größere Energie freizusetzen als A-Bomben. Bei dieser Technologie werden leichte Atomkerne wie Deuterium und Tritium bei extrem hohen Temperaturen verschmolzen, was häufig durch eine Spaltungsreaktion eingeleitet wird.

o **Miniaturisierung und Raffinesse**: Im Laufe der Jahrzehnte wurden die Atomwaffen immer raffinierter und miniaturisierter. Fortschritte in der Technologie der ballistischen Interkontinentalraketen (ICBM) und der atomaren Träger-U-Boote (SNLE) haben es ermöglicht, nukleare Sprengköpfe mit größerer Präzision und globaler Reichweite einzusetzen. Die Miniaturisierung der Sprengköpfe hat auch ihre Integration in eine Vielzahl von Trägersystemen möglich gemacht, wodurch die Flexibilität und Wirksamkeit der strategischen Nuklearstreitkräfte erhöht wurde.

3. **Auswirkungen auf die zivile Nutzung der Kernenergie :**

o **Forschung und Entwicklung** : Die Entwicklung von Kernwaffen hat bedeutende Fortschritte in der Kernphysik und der Reaktortechnologie katalysiert. Das für militärische Programme gewonnene Wissen und die entwickelte Infrastruktur wurden häufig für zivile Anwendungen wie Stromerzeugung und Nuklearmedizin angepasst. Diese Verbindung zwischen militärischer und ziviler Nutzung hat jedoch auch Bedenken hinsichtlich der Verbreitung von Kernwaffen und der Sicherheit ziviler Anlagen hervorgerufen.

o **Sicherheitsdebatten**: Militärische Nuklearunfälle sowie atmosphärische und unterirdische Tests haben das Bewusstsein der Öffentlichkeit für die Gefahren der Kernenergie geschärft. Die Bilder von Nuklearexplosionen und die Berichte der Überlebenden haben ein globales Bewusstsein für die mit der Nutzung der Kernenergie verbundenen Risiken geschaffen und die Sicherheitspolitik und die Vorschriften im zivilen Sektor beeinflusst. Verstärkte Sicherheitsmaßnahmen und strenge Protokolle wurden eingeführt, um Unfälle zu verhindern und die Umwelt und die Bevölkerung zu schützen.

Das Prinzip der Atombombe

Die Atombombe, ein erschreckendes Sinnbild für die zerstörerische Kraft der Kernenergie, beruht auf komplexen und äußerst effektiven wissenschaftlichen Prinzipien. Um ihre Funktionsweise zu verstehen, müssen wir in die Mechanismen der Kernspaltung, die verschiedenen Konstruktionsmethoden und die Auswirkungen der thermonuklearen Bomben eintauchen.

1. **Kernspaltung :**

o **Kettenreaktion** : Das Grundprinzip einer Atombombe ist die Kernspaltung, ein Prozess, bei dem sich schwere Atomkerne wie Uran-235 oder Plutonium-239 in kleinere Fragmente aufspalten. Bei dieser Teilung wird eine immense Menge an Energie in Form von Wärme und Strahlung freigesetzt. Entscheidend ist die Kettenreaktion: Wenn sich der spaltbare Kern teilt, stößt er Neutronen aus, die wiederum auf andere spaltbare Kerne treffen und so weitere Spaltungen verursachen. Dieser Prozess wiederholt sich exponentiell, wodurch in sehr kurzer Zeit eine extrem starke Explosion entsteht.

o **Massenkritik**: Damit es zu einer nuklearen Explosion kommt, muss eine „kritische Masse" an spaltbarem Material erreicht werden. Die kritische Masse ist die Mindestmenge an Substanz, die zur Aufrechterhaltung einer selbstunterhaltenden Kettenreaktion erforderlich ist. Liegt die Masse unter diesem Wert, entweichen die Neutronen, ohne genügend zusätzliche Spaltungen zu verursachen. Ist die kritische Masse hingegen erreicht, erzeugt jede Spaltung genügend Neutronen, um mehrere weitere Spaltungen zu induzieren und so die Explosion auszulösen.

2. **Design einer A-Bombe :**

- **Kanonenanordnung**: Bei dieser Methode werden zwei unterkritische Uran-235-Massen durch eine konventionelle Sprengvorrichtung aufeinander zu geschleudert und erreichen die kritische Masse, wenn sie aufeinandertreffen. Dieses Prinzip, das auch in der „Little Boy"-Bombe, die über Hiroshima abgeworfen wurde, verwendet wurde, ist relativ einfach, aber effektiv. Wenn sich die beiden Massen treffen, bilden sie einen kritischen Kern, der die Kettenreaktion auslöst und eine nukleare Explosion erzeugt.

- **Zusammenbau durch Implosion**: Diese Technik ist ausgefeilter und wurde in der „Fat Man"-Bombe, die über Nagasaki abgeworfen wurde, eingesetzt. Sie verwendet eine Kugel aus Plutonium-239, die von herkömmlichen Sprengstoffen umgeben ist, die so angeordnet sind, dass sie das Plutonium symmetrisch komprimieren, wenn sie gezündet werden. Durch diese Kompression wird das Plutonium gezwungen, die kritische Masse zu erreichen, wodurch die Kettenreaktion eingeleitet wird. Die Implosion ermöglicht eine gleichmäßige Verteilung der Neutronen und eine effizientere Nutzung des spaltbaren Materials, was in einer stärkeren Explosion resultiert.

3. **Fusionsbombe (thermonuklear oder H-Bombe)** :

- **Spaltungsschritt**: Eine Fusionsbombe oder H-Bombe beginnt mit einer Spaltungsexplosion, die der einer A-Bombe ähnelt. Diese Anfangsexplosion dient dazu, die extremen Bedingungen zu erzeugen, die für die Kernfusion erforderlich sind, darunter Temperaturen von mehreren Millionen Grad Celsius.

- **Energiefreisetzung**: Bei der Kernfusion, demselben Prozess, der auch die Sterne antreibt, verschmelzen leichte Kerne wie Deuterium und Tritium zu einem schwereren Kern, wobei enorme Mengen an Energie freigesetzt werden. Bei diesem Prozess wird viel mehr Energie freigesetzt als bei der Spaltung, wodurch die H-Bomben viel stärker werden. Die Hitze und der Druck, die bei der Spaltungsexplosion entstehen, leiten die Fusion ein, und die Fusionskettenreaktion erzeugt eine Explosion von verheerender Intensität.

4. **Auswirkungen auf den zivilen Bereich** :

- **Duale Technologie**: Die Technologien und das Wissen, die für die Entwicklung von Kernwaffen erforderlich sind, finden häufig auch zivile Anwendung, insbesondere bei der Stromerzeugung. Schnelle Neutronenreaktoren, Techniken zur Urananreicherung und sogar einige Aspekte der nuklearen Abfallentsorgung teilen sich technologische Grundlagen mit Kernwaffen. Diese Dualität stellt erhebliche Herausforderungen an die Sicherheit und Regulierung.

- **Risiken der Zweckentfremdung**: Die Existenz ziviler Nukleartechnologien birgt das Risiko der Abzweigung für militärische Zwecke. Spaltbares Material wie angereichertes Uran und Plutonium, das in Kernreaktoren erzeugt wird, kann potenziell zur Herstellung von Waffen verwendet werden. Dies erfordert strenge Sicherheitsmaßnahmen, internationale Überwachung und Abkommen wie den Atomwaffensperrvertrag (NPT), um das Risiko der Verbreitung und böswilligen Verwendung zu minimieren.

Unterschied zwischen ziviler und militärischer Nutzung

1. **Ziele** :

o **Zivile Nutzung**: Die zivile Nutzung der Kernenergie zielt vor allem darauf ab, die Lebensqualität zu verbessern und eine nachhaltige Entwicklung zu fördern :

Stromerzeugung: Zivile Kernkraftwerke liefern eine stabile und reichlich vorhandene Stromquelle, die für die Deckung des steigenden Energiebedarfs bei gleichzeitiger Begrenzung der Treibhausgasemissionen von entscheidender Bedeutung ist. In Frankreich beispielsweise stellt die Kernenergie einen wichtigen Teil des Energiemixes dar und sorgt für eine kontinuierliche und zuverlässige Stromversorgung.

Medizinische Anwendungen: Die in Kernreaktoren erzeugten radioaktiven Isotope werden in der Medizin für präzise Diagnosen und wirksame Behandlungen eingesetzt. In der Strahlentherapie beispielsweise wird Strahlung zur Behandlung bestimmter Krebsarten eingesetzt, während nukleare Bildgebungsverfahren detaillierte Diagnosen ermöglichen.

Wissenschaftliche Forschung: Forschungsreaktoren tragen zu wichtigen wissenschaftlichen Entdeckungen bei, von der Entwicklung neuer Materialien bis hin zur Untersuchung von Kernreaktionen. Sie spielen eine entscheidende Rolle für den technologischen Fortschritt und das Verständnis natürlicher Phänomene.

Industrielle Anwendungen: Die Nukleartechnologie wird zur Sterilisierung von medizinischen Produkten, zur Verbesserung des landwirtschaftlichen Saatguts und zur Erkennung von Lecks in Pipelines eingesetzt und trägt so zur industriellen Effizienz und zur Lebensmittelsicherheit bei.

o **Militärische Nutzung**: Die militärischen Anwendungen der Kernenergie konzentrieren sich auf die nationale Verteidigung und die strategische Abschreckung :

Herstellung von Kernwaffen: Kernwaffen, die auf den Prinzipien der Kernspaltung oder Kernfusion basieren, sind so konstruiert, dass sie Explosionen mit verheerender Kraft erzeugen. Sie spielen eine zentrale Rolle in der Abschreckungsstrategie von Nationen wie den USA und Russland.

Nuklearantrieb: Atom-U-Boote und Flugzeugträger nutzen Kernreaktoren für ihren Antrieb und bieten damit eine beträchtliche Autonomie und eine verlängerte Einsatzfähigkeit. Dadurch können die Streitkräfte eine globale Präsenz aufrechterhalten, ohne von häufigen Nachschublieferungen abhängig zu sein.

Stromgeneratoren: Kleine Kernreaktoren versorgen entlegene Militärbasen mit Strom und sorgen für eine kontinuierliche und zuverlässige Stromversorgung auch in feindlichen Umgebungen.

2. **Materialien und Technologien** :

o **Anreicherung von Uran** :

<u>Zivile Nutzung</u>: Zivile Kernreaktoren verwenden Uran, das auf 3-5% Uran-235 angereichert ist, was ausreicht, um eine kontrollierte Kettenreaktion zur Energiegewinnung aufrechtzuerhalten.

<u>Militärische Verwendung</u>: Atomwaffen benötigen viel stärker angereichertes Uran oder Plutonium, oft auf über 90% Uran-235 oder Plutonium-239, um eine nukleare Explosion zu erzeugen. Die Reaktoren von militärischen U-Booten verwenden ebenfalls höher angereicherten Brennstoff, um die Lebensdauer zwischen den Nachfüllungen zu verlängern und so eine längere operative Autonomie zu bieten.

3. **Sicherheit und Regulierung** :

<u>Zivile Nutzung</u>: Zivile kerntechnische Anlagen unterliegen strengen Regulierungen, die von nationalen und internationalen Organisationen wie der Internationalen Atomenergiebehörde (IAEA) auferlegt werden. Ziel dieser Vorschriften ist es, die Sicherheit zu gewährleisten, Unfälle zu verhindern und die Verbreitung von Nuklearmaterial zu unterbinden.

<u>Militärische Nutzung</u>: Militärische Anlagen hingegen sind aufgrund der nationalen Sicherheit und der Verteidigungsgeheimnisse oft weniger transparent. Dennoch unterliegen auch sie Kontrollen, um die Verbreitung von Atomwaffen gemäß internationaler Verträge wie dem Vertrag über die Nichtverbreitung von Kernwaffen (NVV) zu verhindern.

4. **Auswirkungen und Einfluss** :

<u>Duale Technologie</u>: Technologische Fortschritte im zivilen Bereich können militärischen Anwendungen zugutekommen und umgekehrt. Beispielsweise können Sicherheitsverbesserungen bei zivilen Reaktoren auf Reaktoren von militärischen U-Booten angewendet werden, um deren Zuverlässigkeit und Sicherheit zu erhöhen.

<u>Politische Auswirkungen</u>: Der Besitz von nuklearen Kapazitäten, selbst für zivile Zwecke, kann erhebliche geopolitische Auswirkungen haben. Beispielsweise kann ein Land, das über fortschrittliche Kernkraftwerke verfügt, als Land mit dem Potenzial zur Entwicklung von Kernwaffen wahrgenommen werden und so die internationalen Beziehungen und die Verteidigungspolitik beeinflussen.

Nukleare Proliferation und internationale Verträge

Die Kernenergie bietet zwar erhebliche Vorteile für die Energieerzeugung und andere zivile Anwendungen, stellt aber auch kritische Herausforderungen für die globale Sicherheit dar. Die Verbreitung von Kernwaffen ist ein wichtiges Anliegen und erfordert konzertierte Anstrengungen durch internationale Verträge und multilaterale Zusammenarbeit, um den Weltfrieden und die Stabilität zu sichern.

1. **Nukleare Proliferation** :

o **Definition:** Nukleare Proliferation bezieht sich auf die Verbreitung von Nukleartechnologien, -materialien und -waffen an Staaten oder nicht-staatliche Akteure, die diese ursprünglich nicht besaßen. Dazu gehören nicht nur die Waffen selbst, sondern auch die Technologien zur Anreicherung von Uran und zur Wiederaufbereitung von Plutonium, die zur Herstellung von spaltbarem Material, das in Atomwaffen verwendet werden kann, erforderlich sind.

o **Risiken:** Die Verbreitung von Kernwaffen erhöht das Risiko bewaffneter Konflikte, bei denen Kernwaffen zum Einsatz kommen, von Nuklearterrorismus und regionaler Destabilisierung. Der Besitz von Atomwaffen durch zusätzliche Staaten kann zu einem Wettrüsten führen, wodurch die Wahrscheinlichkeit von militärischen Fehlkalkulationen und zufälligen Konfrontationen steigt. Darüber hinaus stellt das Risiko, dass nukleares Material in die Hände terroristischer Gruppen gelangt, eine ernsthafte Bedrohung für die internationale Sicherheit dar.

2. **Internationale Behandlung** :

o **Nichtverbreitungsvertrag (NVV):** Der 1970 in Kraft getretene NVV zielt darauf ab, die Verbreitung von Kernwaffen zu verhindern, die Abrüstung zu fördern und die friedliche Nutzung der Kernenergie zu unterstützen. Die Unterzeichnerstaaten verpflichten sich, keine Kernwaffen oder verwandte Technologien an Nicht-Kernwaffenstaaten weiterzugeben.

o **Rüstungskontrollabkommen**: Verträge wie START (Strategic Arms Reduction Treaty) zwischen den USA und Russland zielen darauf ab, die Anzahl der eingesetzten Atomwaffen zu reduzieren.

3. **Internationale Organisationen**:

o **Internationale Atomenergie-Organisation (IAEO):** Die IAEO spielt eine Schlüsselrolle bei der Überwachung ziviler Nuklearprogramme, um sicherzustellen, dass diese nicht für militärische Zwecke missbraucht werden. Sie führt Inspektionen durch und leistet technische Hilfe für die sichere und friedliche Entwicklung der Atomenergie.

o **Multilaterale Initiativen**: Initiativen wie die Nuclear Suppliers' Group (NSG) stellen Richtlinien für den Handel mit nuklearen Materialien und Technologien auf, um die Verbreitung zu verhindern.

4. **Herausforderungen und Perspektiven**:

o **Paria-Staat**: Einige Staaten, wie Nordkorea, haben trotz internationaler Sanktionen Atomwaffenprogramme verfolgt und stellen die Weltgemeinschaft vor Herausforderungen.

o **Nuklearterrorismus**: Die Möglichkeit, dass terroristische Gruppen nukleares Material erwerben, ist ein wichtiges Anliegen, das verstärkte Sicherheitsmaßnahmen und eine verstärkte internationale Zusammenarbeit erfordert.

o **Zukünftige Regulierung**: Die Technologie entwickelt sich weiter, und neue Formen der Kernenergie, wie Fusionsreaktoren, werden angepasste Regulierungsrahmen und Verträge erfordern, um ihre Abzweigung zu verhindern.

Schlussfolgerung

Dieses Kapitel hat die militärischen Anwendungen der Kernenergie untersucht und dabei die Entwicklungen von Kernwaffen, die Prinzipien von Atombomben, die Unterschiede zwischen ziviler und militärischer Nutzung sowie die Herausforderungen der Verbreitung von Kernwaffen und internationale Verträge beleuchtet. Das Verständnis dieser Aspekte ist entscheidend, um die globalen Auswirkungen der Kernenergie zu begreifen. In den folgenden Kapiteln werden wir uns mit den Auswirkungen auf die Umwelt, Sicherheitsmaßnahmen und Vergleichen mit anderen Energiequellen befassen.

Kapitel 6 : Sicherheit von Kernkraftwerken

Die Sicherheit von Kernkraftwerken ist ein wichtiges Anliegen der Industrie, der Regierungen und der Öffentlichkeit. In diesem Kapitel werden die Hauptrisiken von Kernkraftwerken, die eingesetzten passiven und aktiven Sicherheitssysteme, wichtige Fallstudien wie Tschernobyl, Fukushima und Three Mile Island sowie die internationale Regulierung und Überwachung, die den Rahmen für diese Industrie bilden, untersucht.

Die wichtigsten Risiken

1. **Austreten von radioaktiven Stoffen** :

o **Ursachen**: Radioaktive Lecks gehören zu den größten potenziellen Gefahren eines Kernkraftwerks. Sie können aus verschiedenen Gründen auftreten:

Versagen der Containment-Barrieren: Diese Barrieren, die radioaktives Material eindämmen sollen, können aufgrund von Herstellungsfehlern, Materialalterung oder versehentlichen Beschädigungen Risse oder Brüche bekommen.

Rohrbrüche: Rohre, die Kühlmittel oder Dampf transportieren, können korrodieren, unter Druck reißen oder durch Vibrationen oder seismische Erschütterungen beschädigt werden.

Unfälle oder Naturkatastrophen: Ereignisse wie Erdbeben, Tsunamis oder Überschwemmungen können die nukleare Infrastruktur schwer beschädigen und zu Lecks führen.

o **Folgen**: Die Folgen eines radioaktiven Lecks sind schwerwiegend und vielgestaltig:

Kontamination der Umwelt : Radioaktive Stoffe können Boden, Wasser und Luft kontaminieren, die lokale Tier- und Pflanzenwelt beeinträchtigen und sich potenziell über große Gebiete ausbreiten.
Auswirkungen auf die Gesundheit: Die Exposition gegenüber Strahlung kann zu schweren Krankheiten wie Krebs und zu genetischen Auswirkungen auf künftige Generationen führen.
Schäden am Ökosystem: Meereslebewesen, Tiere und Pflanzen können verheerende Auswirkungen erleiden, wobei ganze Ökosysteme über Jahrzehnte hinweg beeinträchtigt sein können.

2. **Kritikalitätsunfälle** :

- **Definition**: Ein Kritikalitätsunfall tritt ein, wenn die Kettenreaktion der Kernspaltung außer Kontrolle gerät. Dies kann zu einer schnellen und intensiven Freisetzung von Energie führen, die potenziell explosiv ist.

- **Prävention**: Zur Vermeidung dieser Unfälle :

Reaktordesign: Reaktoren werden so konstruiert, dass Bedingungen, die zu unkontrollierter Kritikalität führen könnten, vermieden werden, indem neutronenabsorbierende Materialien verwendet und eine sichere Brennstoffgeometrie beibehalten wird.

Betriebliche Kontrolle: Die Bediener werden geschult, um die kritischen Parameter des Reaktors zu überwachen und zu steuern. Auch automatische Systeme können eingreifen, um die Reaktion im Falle einer gefährlichen Abweichung zu stoppen.

3. **Kernschmelze** :

- **Szenario**: Die Kernschmelze ist einer der am meisten gefürchteten Unfälle in einem Atomkraftwerk. Sie tritt auf, wenn sich der Kernbrennstoff so extrem erhitzt, dass er schmilzt :

Hauptursache: Dieses Phänomen wird in der Regel durch ein Versagen des Kühlsystems des Reaktors verursacht. Ohne ausreichende Kühlung kann der Reaktorkern überhitzen, was zum Schmelzen der Brennstäbe führt.

- **Folgen**: Die Folgen einer Kernschmelze sind katastrophal:

Schäden am Kraftwerk: Die Kernschmelze kann den Reaktordruckbehälter durchbrechen, die Infrastruktur irreparabel beschädigen und den Standort für Jahre unbrauchbar machen.

Massive Freisetzung von radioaktivem Material: Eine Kernschmelze kann zu einer unkontrollierten Freisetzung von radioaktivem Material in die Umwelt führen, was Massenevakuierungen und Sperrzonen erforderlich macht.

Gesundheitliche Auswirkungen: Die Bevölkerung in der Umgebung kann hohen Strahlendosen ausgesetzt sein, was zu akuten und chronischen Erkrankungen, einschließlich Krebs, führen kann.

Das Verständnis dieser Risiken ist entscheidend für die Beurteilung der strengen Sicherheitsmaßnahmen in Kernkraftwerken, die nicht nur die Arbeiter, sondern auch die Öffentlichkeit und die Umwelt schützen sollen. Diese Maßnahmen werden in den folgenden Abschnitten des

Kapitels näher erläutert, die sich mit passiven und aktiven Sicherheitssystemen, historischen Fallstudien und internationalen Vorschriften befassen.

Passive und aktive Sicherheitssysteme

Die Sicherheitssysteme in Kernkraftwerken sind entscheidend, um die Sicherheit zu gewährleisten und das Unfallrisiko zu minimieren. Diese Systeme lassen sich in zwei Hauptkategorien unterteilen: passive und aktive Sicherheit. Jede spielt eine entscheidende Rolle bei der Vermeidung und Bewältigung potenzieller Zwischenfälle.

1. **Passive Sicherheit** :

o **Containment-Barrieren**: Reaktordruckbehälter: Die erste Barriere ist der Reaktordruckbehälter, eine dicke Stahlkonstruktion, die radioaktives Material aufnehmen kann und hohen Drücken standhält.

Sicherheitsbehälter (Containments) : Um den Reaktordruckbehälter herum bilden Einhausungen aus Stahlbeton und Stahl eine zweite Schutzschicht und verhindern, dass radioaktives Material in die Umwelt gelangt.

Filtersysteme: Bei der Freisetzung radioaktiver Gase fangen spezielle Filtersysteme die gefährlichen Partikel ein, bevor sie in die Atmosphäre entweichen können.

o **Passive Kühlkreisläufe** :

Natürliche Zirkulation: Unter Ausnutzung der Schwerkraft und der Dichteunterschiede ermöglichen diese Systeme, dass das Wasser zirkuliert und den Reaktor kühlt, ohne dass Pumpen oder eine Stromversorgung erforderlich sind. Beispielsweise steigt erhitztes Wasser auf natürliche Weise nach oben und wird durch kaltes Wasser ersetzt, wodurch ein kontinuierlicher Kühlkreislauf entsteht.

Thermosiphons und Kühlbecken: Diese Geräte nutzen einfache physikalische Prinzipien, um die Wärme aus dem Reaktor abzuleiten, auch wenn kein elektrischer Strom vorhanden ist.

2. **Aktive Sicherheit** :

o **Notfallsysteme** :

Sicherheitseinspritzsysteme: Bei Kühlmittelverlust spritzen diese Systeme boriertes Wasser direkt in den Reaktorkern, um Neutronen zu absorbieren und die Kettenreaktion zu stoppen.

Notkühlpumpen: Zusätzliche Pumpen stehen bereit, um bei einem Ausfall der Hauptpumpen sofort zu starten, und sorgen dafür, dass die Kühlung des Reaktors aufrechterhalten wird.

Reaktivitätskontrollsysteme: Kontrollstäbe, oft aus Bor oder Cadmium, können in den Reaktorkern eingesetzt werden, um die Kernreaktion im Notfall zu reduzieren oder zu stoppen.

o **Detektions- und Überwachungsausrüstungen** :

Sensoren und Detektoren: Hochentwickelte Sensoren überwachen ständig die Temperatur, den Druck und die Strahlungswerte im Kraftwerk. Sie erkennen Anomalien und alarmieren die Betreiber in Echtzeit.

Fernüberwachungssysteme: Den Betreibern stehen Kontrollzentren zur Verfügung, in denen die Sensordaten laufend analysiert werden, sodass im Falle eines Problems schnell eingegriffen werden kann.

Regelmäßige Tests und Simulationen: Sicherheitsübungen und Unfallsimulationen werden regelmäßig durchgeführt, um sicherzustellen, dass Personal und Systeme bereit sind, im Krisenfall effektiv zu reagieren.

Diese passiven und aktiven Sicherheitssysteme arbeiten zusammen, um mehrfache Schutzschichten zu schaffen, die das Risiko minimieren und die Sicherheit der Kernkraftwerke maximieren. Die Bedeutung dieser Maßnahmen wird durch die Fallstudien von Tschernobyl, Fukushima und Three Mile Island verdeutlicht, wo das Versagen der Sicherheitssysteme verheerende Folgen hatte. Diese Vorfälle führten zu erheblichen Verbesserungen bei den Sicherheitsstandards und internationalen Vorschriften und sorgten dafür, dass die daraus gezogenen Lehren nie vergessen werden.

Fallstudien : Tschernobyl, Fukushima, Three Mile Island.

Diese drei nuklearen Tragödien haben die Geschichte der Kernenergie tiefgreifend geprägt, die mit dieser Technologie verbundenen Risiken offengelegt und gleichzeitig wichtige Veränderungen bei den Sicherheitsstandards und der Regulierung katalysiert.

1. **Tschernobyl** (1986) :

o Ursachen: Der Unfall von Tschernobyl war eine Kaskade aus menschlichen Fehlern und technischem Versagen. Ein schlecht konzipierter Sicherheitstest führte in Verbindung mit eklatanten

Verstößen gegen die Betriebsverfahren zu einer unkontrollierten Leistungssteigerung des Reaktors, die eine kataklysmische Explosion auslöste.

o **Folgen**: Die Explosion setzte massive Mengen radioaktiver Stoffe in die Atmosphäre frei, verseuchte ganze Regionen und führte zu Tausenden von Todesfällen sowie zu chronischen Krankheiten bei Millionen von Menschen. Die ökologischen und wirtschaftlichen Folgen waren verheerend, mit ausgedehnten Sperrzonen, in denen das menschliche Leben für Jahrzehnte unmöglich wurde.

2. **Fukushima (2011)** :

o **Ursachen**: Das verheerende Erdbeben und der Tsunami waren die Auslöser für den Unfall im Kernkraftwerk Fukushima Daiichi in Japan. Die Riesenwellen überfluteten die Kühlsysteme der Reaktoren, was zu einer teilweisen Kernschmelze und einer massiven Freisetzung von radioaktivem Material führte.

o **Folgen**: Die Folgen waren verheerend, Zehntausende Menschen wurden evakuiert und landwirtschaftliche Flächen unbrauchbar gemacht. Das Austreten von Radioaktivität in den Ozean hatte Auswirkungen auf das marine Ökosystem, während die Fischereiindustrie stark in Mitleidenschaft gezogen wurde. Fukushima hat die weltweite Sorge um die Sicherheit von Kernkraftwerken neu entfacht.

3. **Three Mile Island** (1979) :

o **Ursachen**: In Three Mile Island führte eine Reihe von technischen und menschlichen Fehlern zu einem Verlust der Reaktorkühlung, was eine teilweise Kernschmelze zur Folge hatte.

o **Folgen**: Glücklicherweise verhinderten die Containment-Barrieren eine noch schlimmere Katastrophe. Obwohl die Freisetzung von Radioaktivität minimal war und keine direkten Todesfälle gemeldet wurden, schürte der Vorfall in der Öffentlichkeit ein starkes Misstrauen gegenüber der amerikanischen Atomindustrie und führte zu umfangreichen Überarbeitungen der Sicherheitsprotokolle.

Diese Fallstudien veranschaulichen die potenziell katastrophalen Folgen von Atomunfällen und unterstreichen die entscheidende Bedeutung der Sicherheit von Kraftwerken. Sie waren auch Wendepunkte in der Geschichte der Kernenergie und führten zu wichtigen Reformen, um solche Tragödien in Zukunft zu verhindern.

Regulierung und internationale Aufsicht

1. **Regulierungsbehörden** :

o **Nationale Behörden**: Jedes Land hat seine eigenen Aufsichtsbehörden, wie z. B. die Nuclear Regulatory Commission (NRC) in den USA, die für die Festlegung und Durchsetzung von Sicherheitsstandards für Kernkraftwerke zuständig sind.

o **Internationale Agenturen**: Organisationen wie die IAEO und die Agentur der Europäischen Union für Atomenergie (Euratom) bieten internationale Aufsicht und Beratung zu den nuklearen Sicherheitsstandards.

2. Sicherheitsstandards :

o **Auslegung und Betrieb**: Kernkraftwerke müssen strenge Normen für Auslegung, Bau und Betrieb erfüllen, um Sicherheit und Schutz zu gewährleisten.

o **Risikobewertung**: Die Betreiber müssen regelmäßige Risikobewertungen und Sicherheitsanalysen durchführen, um potenzielle Bedrohungen zu erkennen und Abhilfemaßnahmen zu implementieren.

3. Inspektionen und Audits :

o **Laufende Überwachung**: Die Aufsichtsbehörden führen regelmäßige Inspektionen und Sicherheitsaudits durch, um die Einhaltung der Sicherheitsstandards durch die Kraftwerke zu bewerten und Bereiche zu ermitteln, in denen Verbesserungen erforderlich sind.

Austausch von Informationen: Inspektionsberichte und Schlussfolgerungen werden auf nationaler und internationaler Ebene ausgetauscht, um das Lernen und die Verbesserung der Sicherheitspraktiken zu fördern.

4. **Internationale Zusammenarbeit** :

o **Austausch bewährter Praktiken**: Die Länder arbeiten zusammen, um bewährte Praktiken im Bereich der nuklearen Sicherheit auszutauschen, und fördern so die kontinuierliche Verbesserung von Standards und Verfahren.

o **Notfallhilfe**: Im Falle eines nuklearen Unfalls oder einer Krise leistet die internationale Gemeinschaft technische und humanitäre Hilfe, um die Folgen abzumildern und den Schaden zu begrenzen.

5. **Technologische Entwicklungen**:

o **Innovationen für die Sicherheit**: Der kontinuierliche technologische Fortschritt ermöglicht die Entwicklung fortschrittlicherer Sicherheitssysteme, verbesserter Überwachungstechniken und effektiverer Methoden zur Unfallverhütung.

o **Abfallmanagement** : Die Forschung zur Verbesserung der Entsorgung nuklearer Abfälle trägt ebenfalls zur Erhöhung der Sicherheit von Kraftwerken bei, indem sie das Risiko einer Kontamination der Umwelt verringert.

Schlussfolgerung

Die Sicherheit von Kernkraftwerken hat für die Industrie und die Aufsichtsbehörden weltweit höchste Priorität. In diesem Kapitel wurden die Hauptrisiken von Kernkraftwerken, die passiven und aktiven Sicherheitssysteme, die dort eingesetzt werden, wichtige Fallstudien wie Tschernobyl, Fukushima und Three Mile Island sowie die internationale Regulierung und Aufsicht, die den Rahmen für diese Industrie bilden, untersucht. Obwohl erhebliche Fortschritte bei der Verbesserung der Sicherheit erzielt wurden, bleibt es entscheidend, wachsam zu bleiben und weiterhin in Forschung, Innovation und internationale Zusammenarbeit zu investieren, um zu gewährleisten, dass die Kernenergie eine sichere und nachhaltige Energiequelle bleibt.

Kapitel 7 : Nukleare Abfallentsorgung: Eine Herausforderung für die Zukunft

Die Kernenergie bietet eine relativ saubere und effiziente Stromquelle, stellt uns aber auch vor eine große Herausforderung: Was tun mit dem radioaktiven Abfall, der in dieser Industrie anfällt? In diesem Kapitel tauchen wir in einen der komplexesten und umstrittensten Aspekte der Kernenergie ein: die Entsorgung von Atommüll.

Die Arten von Abfällen

Atommüll kommt in verschiedenen Formen und Gefahrenstufen vor. Es gibt zwei Hauptkategorien: kurzlebige Abfälle, die ihre Radioaktivität schnell verlieren, und langlebige Abfälle, die für Tausende oder sogar Millionen von Jahren gefährlich bleiben.

- **Schwach- und mittelradioaktiver Abfall (SMA)**: Zu dieser Art von Abfall gehören vor allem Kleidung, Werkzeuge, Harze und Filtermaterialien aus Kernkraftwerken. Obwohl ihre Radioaktivität schnell abnimmt, müssen sie für mehrere hundert Jahre sicher gelagert werden.
- **Hochaktive Abfälle (HA)**: Diese Abfälle stammen hauptsächlich aus dem Prozess der Wiederaufbereitung abgebrannter Brennelemente. Sie sind extrem radioaktiv und können Tausende oder sogar Millionen Jahre lang gefährlich bleiben. Zu den hochaktiven Abfällen gehören Elemente wie Plutonium und abgebrannte Kernbrennstoffe.

Herausforderungen und Lösungen

Die Entsorgung von Atommüll bringt mehrere große Herausforderungen mit sich, darunter die langfristige Sicherheit, die soziale und ökologische Verantwortung sowie die Regulierung und der Transport. Es wurden jedoch bedeutende Fortschritte bei der Entwicklung von Lösungen zur sicheren und effizienten Behandlung und Lagerung dieser Abfälle erzielt.

- **Geologische Lagerung**: Eine weithin akzeptierte Lösung ist die Lagerung von Atommüll in stabilen geologischen Formationen, wie z. B. Salzlagern oder Tiefengesteinslagern. Diese Standorte bieten eine natürliche Isolierung und Schutz vor menschlichen Störungen und Naturkatastrophen.
- **Transmutationsforschung**: Bei der Transmutation von Atommüll werden langlebige radioaktive Isotope in weniger gefährliche Isotope oder stabile Elemente umgewandelt. Obwohl sich diese Technologie noch in der Entwicklung befindet, könnte sie eine langfristige Lösung zur Verringerung der Radioaktivität von Abfällen bieten.

Herausforderungen und Perspektiven

Die Entsorgung von Atommüll bleibt ein höchst umstrittenes und komplexes Thema, das Debatten über Sicherheit, Kosten und langfristige Verantwortung anheizt. Während viele Länder nach nachhaltigen Lösungen für die Entsorgung ihres Atommülls suchen, wächst die Dringlichkeit, wirksame Strategien zu entwickeln.

Trotz der anhaltenden Herausforderungen wurden bedeutende Fortschritte in der Forschung und Entwicklung von Technologien zur Entsorgung von Atommüll erzielt. Dennoch ist es entscheidend, einen offenen und transparenten Dialog mit der Öffentlichkeit zu führen, um sicherzustellen, dass die getroffenen Entscheidungen die Werte und Sorgen der Gesellschaft als Ganzes widerspiegeln.

In diesem Kapitel haben wir nur an der Oberfläche eines so großen und komplexen Themas gekratzt. Die Entsorgung nuklearer Abfälle bleibt ein Bereich, der sich ständig weiterentwickelt, und es ist von entscheidender Bedeutung, informiert und engagiert in den Diskussionen über seine Zukunft zu bleiben.

Kapitel 8 : Die Umweltauswirkungen der Kernenergie

Die Kernenergie wird oft für ihre geringen CO2-Emissionen gelobt, doch ihr Beitrag zu den gesamten Umweltauswirkungen ist komplexer als es den Anschein hat. In diesem Kapitel erkunden wir die Nuancen der Umweltauswirkungen der Kernenergie und beleuchten ihre Vorteile bei den CO2-Emissionen, aber auch die Herausforderungen, die mit der Abfallentsorgung, den Auswirkungen auf die Biodiversität und dem ökologischen Fußabdruck ihrer Anlagen verbunden sind.

Vergleich der CO2-Emissionen mit anderen Energiequellen.

1. **Direkte Emissionen** :

o **Vorteile**: Kernkraftwerke produzieren während ihres Betriebs kein CO2, was sie im Vergleich zu fossilen Brennstoffen wie Kohle, Erdöl und Erdgas zu einer Energiequelle mit geringem CO2-Ausstoß macht.

o **Beiträge zum Klimaschutz**: Die Kernenergie wird oft als wesentlicher Bestandteil des Übergangs zu einer kohlenstoffarmen Wirtschaft dargestellt und ergänzt die erneuerbaren Energien.

2. **Vollständiger Lebenszyklus** :

o **Uranabbau und -verarbeitung**: Obwohl Kernkraftwerke während ihres Betriebs kein CO2 produzieren, benötigen der Abbau, die Verarbeitung und die Anreicherung von Uran Energie und können zu CO2-Emissionen führen.

o **Bau und Abbau von Kraftwerken**: Die Bau- und Abbauphasen von Kernkraftwerken sind ebenfalls mit CO2-Emissionen verbunden, obwohl diese Emissionen im Vergleich zu Kraftwerken, die mit fossilen Brennstoffen betrieben werden, relativ gering sind.

3. **Vergleich mit erneuerbaren Energien** :

o **Vorteile im Vergleich zu Unterbrechungen**: Im Gegensatz zu erneuerbaren Energien wie Solar- und Windenergie bietet die Kernenergie eine stabile und konstante Stromerzeugung, was zur Stabilisierung des Stromnetzes und zur Verringerung der Abhängigkeit von fossilen Brennstoffen beitragen kann.

Entsorgung langfristiger radioaktiver Abfälle

1. **Arten von Abfällen :**

o **Hochaktive Abfälle**: Diese Abfälle, hauptsächlich abgebrannte Brennelemente und Spaltprodukte, bleiben für Tausende von Jahren radioaktiv und erfordern eine langfristige Entsorgung.

o **Schwach- und mittelaktive Abfälle**: Zu diesen Abfällen gehören vor allem mit radioaktiven Stoffen kontaminierte Materialien und Reinigungsmittel, die in Kernkraftwerken verwendet werden.

2. **Lösungen für die Lagerung :**

o **Zwischenlagerung**: Radioaktive Abfälle werden in der Regel in Kühlbecken in der Nähe von Kernreaktoren zwischengelagert, bevor sie zu langfristigen Lagereinrichtungen transportiert werden.

o **Geologische Tiefenlagerung**: Langfristige Lösungen beinhalten häufig die Lagerung der Abfälle in stabilen und isolierten geologischen Formationen, wie z. B. unterirdischen Tiefenlagern, wo sie für Tausende von Jahren eingeschlossen und überwacht werden.

3. **Herausforderungen und Kontroversen :**

o **Sicherheit und Sicherung**: Das Hauptanliegen bei der langfristigen Lagerung radioaktiver Abfälle ist die Gewährleistung ihrer Einschließung und Isolierung, um eine Kontamination der Umwelt und der Bevölkerung zu verhindern.

o **Soziale Akzeptanz**: Projekte zur Lagerung radioaktiver Abfälle stoßen aufgrund von Bedenken hinsichtlich der Sicherheit, der Umwelt und der Gesundheit der Bevölkerung häufig auf starken öffentlichen Widerstand.

Auswirkungen auf die Tier- und Pflanzenwelt

Die Umweltauswirkungen der Kernenergie beschränken sich nicht auf die Anlagen selbst. In diesem Abschnitt erkunden wir die direkten und indirekten Auswirkungen dieser Energiequelle auf die Tier- und Pflanzenwelt.

1. **Direkt**:

o **Lebensraum**: Der Bau und Betrieb von Kernkraftwerken kann zur Zerstörung natürlicher Lebensräume führen, wodurch viele Pflanzen- und Tierarten gezwungen sind, umzusiedeln oder zu verschwinden.

o **Kontamination**: Unfälle und radioaktive Freisetzungen können Böden, Wasserläufe und umliegende Ökosysteme kontaminieren und so die Gesundheit und Fortpflanzung der lokalen Arten gefährden.

2. **Indirekt**:

o **Klimawandel**: Paradoxerweise kann die Kernenergie durch geringe CO_2-Emissionen zur Abschwächung des Klimawandels beitragen. Allerdings kann dies auch zu Umweltveränderungen führen, die sich auf die Tier- und Pflanzenwelt auswirken, wie z. B. Veränderungen der Lebensräume und Wanderungen von Arten.

o **Konkurrenz um Ressourcen**: Für den Bau und den Betrieb von Kernkraftwerken werden oft große Mengen an Wasser zur Kühlung und Platz für die Anlagen benötigt. Dieser verstärkte Wettbewerb um Wasser- und Landressourcen kann sich auf die lokale Biodiversität auswirken, indem natürliche Ökosysteme gestört und die verfügbaren Lebensräume für Tiere und Pflanzen verringert werden.

Das Verständnis dieser Auswirkungen auf die Tier- und Pflanzenwelt ist entscheidend für die Beurteilung der Gesamtauswirkungen der Kernenergie auf die Umwelt. Dies unterstreicht die Bedeutung einer sorgfältigen Planung, geeigneter Minderungsmaßnahmen und einer kontinuierlichen Überwachung, um potenzielle ökologische Schäden während des gesamten Lebenszyklus von Nuklearanlagen zu minimieren.

Der ökologische Fußabdruck von Kernkraftwerken

1. **Nutzung von Land** :

o **Anlagen und Infrastruktur**: Kernkraftwerke erstrecken sich über große Flächen, auf denen Reaktoren, Lagergebäude, Kühlsysteme und Sicherheitsbereiche untergebracht sind. Diese große Landinanspruchnahme kann zum Verlust natürlicher Lebensräume und zur Fragmentierung von Ökosystemen führen.

2. **Wasserverbrauch** :

o **Kühlung** : Das Herzstück eines jeden Atomkraftwerks ist sein Kühlsystem, das massive Mengen an Wasser benötigt, um die Reaktoren auf einer sicheren Temperatur zu halten. Dieser Verbrauch kann einen erheblichen Druck auf die lokalen Wasserressourcen ausüben und empfindliche Wasserökosysteme stören.

3. **Entwicklung und Stilllegung** :

o **Auswirkungen bei der Errichtung**: Die Errichtung neuer Kernkraftwerke kann zur Abholzung von Wäldern, zur Umwandlung landwirtschaftlicher Flächen und zum Verlust wertvoller natürlicher Lebensräume führen, wodurch die lokale Biodiversität und das ökologische Gleichgewicht beeinträchtigt werden.

o **Herausforderungen bei der Stilllegung**: Am Ende ihres Lebenszyklus müssen Kernkraftwerke sorgfältig stillgelegt werden. Dies kann die Abfallentsorgung, die Sanierung der Standorte und die Wiederherstellung des Landes umfassen und stellt eine große Herausforderung für den Umweltschutz dar.

Schlussfolgerung

Obwohl die Kernenergie oft als kohlenstoffarme Energiequelle angesehen wird, ist sie nicht ohne Auswirkungen auf die Umwelt. In diesem Kapitel wurden die Umweltauswirkungen der Kernenergie eingehend untersucht, wobei wir uns auf mehrere entscheidende Aspekte konzentrierten. Zunächst haben wir die CO_2-Emissionen der Kernenergie mit denen anderer Energiequellen verglichen und dabei sowohl ihre Vorteile hinsichtlich der direkten Emissionen als auch die Herausforderungen des gesamten Lebenszyklus, einschließlich des Uranabbaus und des Baus von Kraftwerken, hervorgehoben.

Anschließend haben wir uns mit der Frage der langfristigen Entsorgung radioaktiver Abfälle befasst und dabei die Abfallarten, die derzeitigen Lagerungslösungen und die damit verbundenen Herausforderungen wie Sicherheit und soziale Akzeptanz untersucht. Wir haben auch die direkten und indirekten Auswirkungen der Kernenergie auf die Tier- und Pflanzenwelt untersucht und dabei die Risiken der Störung natürlicher Lebensräume und der Umweltverschmutzung hervorgehoben.

Schließlich haben wir den ökologischen Fußabdruck von Kernkraftwerken analysiert und dabei deren Landnutzung, Wasserverbrauch und die mit der Entwicklung und dem Rückbau der Anlagen verbundenen Herausforderungen beleuchtet. Es ist von entscheidender Bedeutung, diese Umweltaspekte bei der Bewertung der Gesamtauswirkungen der Kernenergie zu berücksichtigen und ständig nach Möglichkeiten zu suchen, diese Auswirkungen durch verantwortungsvolle Managementpraktiken und technologische Innovation zu mindern.

Kapitel 9 : Comparaison avec les autres sources d'énergie

Die Kernenergie ist ein integraler Bestandteil der globalen Energielandschaft, aber um ihre Rolle und ihr Potenzial vollständig zu verstehen, ist es unerlässlich, sie mit anderen Energiequellen zu vergleichen. In diesem Kapitel werden fossile Energieträger wie Kohle, Gas und Öl sowie erneuerbare Energien wie Solarenergie, Windkraft, Wasserkraft und Geothermie eingehend untersucht. Wir analysieren die Vor- und Nachteile der einzelnen Energiequellen sowie die Aussichten für einen nachhaltigen Energiemix.

Fossile Energieträger: Kohle, Gas, Öl.

1. **Kohle**:

o **Vorkommen und Zugänglichkeit**: Kohle ist allgegenwärtig und leicht zugänglich, was sie für viele Länder zu einer bevorzugten Energieressource macht.

o **Umweltauswirkungen**: Ihr Abbau und ihre Verbrennung sind jedoch folgenschwer, da sie große Mengen an CO_2- und Luftschadstoffemissionen verursacht und so zum Klimawandel und zur Luftverschmutzung beiträgt.

2. **Erdgas**:

o **Geringe CO_2-Emissionen**: Im Vergleich zu Kohle und Öl erzeugt Erdgas bei der Verbrennung weniger CO_2 und bietet somit eine sauberere Alternative für die Stromerzeugung.

o **Umweltauswirkungen**: Die Förderung von Schiefergas und die damit verbundenen Methanlecks stellen jedoch große Herausforderungen für die Umwelt dar, darunter die Verschmutzung des Grundwassers und erhöhte Treibhausgasemissionen.

3. **Erdöl** :

o **Vielseitigkeit und Mobilität**: Erdöl ist eine vielseitige Energiequelle, die in verschiedenen Bereichen wie Verkehr, Industrie und Stromerzeugung eingesetzt wird.

o **Importabhängigkeit**: Trotz seiner Vielseitigkeit sind viele Länder von Ölimporten abhängig, was zu Herausforderungen in Bezug auf die Energiesicherheit und die Preisschwankungen auf dem Weltmarkt führen kann.

Bei genauerer Betrachtung dieser fossilen Energiequellen wird deutlich, dass sie sowohl Vor- als auch Nachteile in Bezug auf Zugänglichkeit, Umweltauswirkungen und wirtschaftliche Abhängigkeit haben. Vor diesem komplexen Hintergrund positioniert sich die Kernenergie als vielversprechende Alternative für eine sauberere und nachhaltigere Energiezukunft.

Erneuerbare Energien: Solarenergie, Windkraft, Wasserkraft, Geothermie.

1. **Solarenergie** :

o **Überfluss und Verfügbarkeit**: Sonnenenergie ist weltweit im Überfluss vorhanden und weithin verfügbar, was ein erhebliches Potenzial für die Stromerzeugung bietet.

o **Wetterabhängigkeit**: Die Produktion von Solarstrom hängt von den Wetterbedingungen und der Sonneneinstrahlung ab, was zu Unterbrechungen und Schwankungen in der Produktion führen kann.

2. **Windkraftanlagen**:

o **Geringe Emissionen und visuelle Auswirkungen**: Windenergie erzeugt geringe CO_2-Emissionen und gilt als saubere Energiequelle, aber Windkraftanlagen können visuelle Auswirkungen auf die Landschaft und die lokale Tierwelt haben.

o **Standortbeschränkungen**: Windparks benötigen bestimmte Standorte mit konstanten und ausreichend starken Winden, was ihren Einsatz in bestimmten Regionen einschränken kann.

3. **Wasserkraft** :

o **Stabile und vorhersehbare Produktion**: Wasserkraft liefert eine stabile und vorhersehbare Stromproduktion und ist damit eine zuverlässige Energiequelle zur Deckung des Energiebedarfs.

o **Umweltauswirkungen**: Der Bau von Staudämmen kann Auswirkungen auf Flussökosysteme, Fischwanderungen und die Wasserqualität haben, was eine umsichtige Bewirtschaftung der Wasserressourcen erforderlich macht.

4. **Geothermie** :

o **Begrenzte Verfügbarkeit und Potenzial**: Geothermische Energie ist in vulkanischen und tektonisch aktiven Regionen weitgehend verfügbar, ihr Potenzial ist jedoch aufgrund der Geografie begrenzt.

o **Entwicklungskosten**: Die Entwicklung von geothermischen Kraftwerken erfordert hohe Anfangsinvestitionen in Exploration und Technologie, obwohl die Betriebskosten nach Inbetriebnahme des Kraftwerks in der Regel gering sind.

Vor- und Nachteile der einzelnen Energiequellen

1. **Vorteile** :

o **Fossile Brennstoffe**: Die Kohle-, Erdgas- und Erdölreserven sind über viele Regionen der Welt verteilt. So verfügen beispielsweise die USA, Russland und der Nahe Osten über große Öl- und Gasvorkommen, während China und Indien große Kohlevorkommen besitzen. Diese geografische Verteilung ermöglicht es vielen Ländern, diese Ressourcen lokal zu nutzen und so ihre Abhängigkeit von Importen zu verringern.

Die Infrastruktur für den Transport fossiler Energieträger ist gut ausgebaut. Beispielsweise ermöglichen Pipelines für Erdgas und Erdöl sowie Schienen- und Seeverkehrsnetze für Kohle den Transport dieser Brennstoffe über große Entfernungen. Darüber hinaus lassen sich fossile Brennstoffe leicht lagern, wodurch eine ständige Verfügbarkeit bei Bedarf gewährleistet ist.

Die Förderung und Nutzung fossiler Energieträger ist oftmals kostengünstiger als die von erneuerbaren Energien. Beispielsweise können Kohle- und Erdgaskraftwerke im Vergleich zu Wind- oder Solarparks schnell und kostengünstig gebaut und in Betrieb genommen werden. Außerdem sind die Technologien und die Infrastruktur für die Förderung fossiler Energieträger ausgereift und weithin verfügbar, was die Investitionskosten senkt.

o **Erneuerbar**: Erneuerbare Energien gelten als "sauber", langfristig nachhaltig und können zur Verringerung der Treibhausgasemissionen beitragen.

2. **Nachteile** :

o **Fossile Brennstoffe** :

Luftverschmutzung: Bei der Verbrennung fossiler Brennstoffe werden Luftschadstoffe wie Schwefeldioxid, Stickoxide und Feinstaub freigesetzt, die zur Luftverschmutzung und zu Problemen der öffentlichen Gesundheit beitragen. So leiden beispielsweise Städte mit einer hohen Abhängigkeit von Kohle, wie Beijing in China, unter einer hohen Luftverschmutzung.

Entwaldung: Der Abbau von Kohle und Öl kann zur Entwaldung und zur Zerstörung natürlicher Lebensräume führen. Beispielsweise hat der Abbau von Ölsanden in Alberta, Kanada, zur Abholzung großer Gebiete des borealen Waldes geführt.

Versauerung der Ozeane: Kohlendioxidemissionen aus der Verbrennung fossiler Brennstoffe werden von den Ozeanen absorbiert und führen zu deren Versauerung. Dies bedroht Meereslebewesen wie Korallen und Muscheln, die empfindlich auf Veränderungen des pH-Werts reagieren.

Klimawandel: Fossile Brennstoffe sind hauptverantwortlich für die Emission von Treibhausgasen, die zur globalen Erwärmung und zu globalen Klimastörungen beitragen. Beispielsweise hat die anhaltende Nutzung von Kohle und Öl zu einem Anstieg der globalen Temperaturen geführt und extreme Wetterphänomene verursacht.

o **Erneuerbare Energien** :

Intermittenz: Die Erzeugung erneuerbarer Energien kann intermittierend und wetterabhängig sein. Beispielsweise hängt Sonnenenergie von der Sonneneinstrahlung ab, die je nach Tages- und Jahreszeit variiert, während Windenergie von den Windverhältnissen abhängt, die unvorhersehbar sein können.

Abhängigkeit von Wetterbedingungen: Die Effizienz von erneuerbaren Energiequellen kann je nach Wetterbedingungen variieren. An bewölkten oder windstillen Tagen kann beispielsweise die Produktion von Solar- und Windstrom sinken, sodass Speicherlösungen oder Notfallsysteme erforderlich sind, um eine kontinuierliche Versorgung zu gewährleisten.

Bedeutende Investitionen : Der Aufbau der Infrastruktur für erneuerbare Energien erfordert erhebliche Anfangsinvestitionen. Beispielsweise erfordern der Bau von Solar- oder Windparks und die Einrichtung von Netzwerken zur Energieübertragung und -speicherung erhebliche finanzielle Mittel. Diese Kosten können jedoch aufgrund der Nachhaltigkeit und der niedrigen Betriebskosten erneuerbarer Energien langfristig amortisiert werden.

Lokale Umweltauswirkungen: Obwohl erneuerbare Energien insgesamt weniger schädlich sind, können sie lokale Umweltauswirkungen haben. Beispielsweise können Wasserkraftdämme Flussökosysteme stören, die Wanderung von Fischen beeinträchtigen und die Wasserqualität verändern. Windparks können Vögel und Fledermäuse beeinträchtigen sowie Lärm und visuelle Beeinträchtigungen für die lokalen Gemeinden verursachen.

Perspektiven für einen nachhaltigen Energiemix

Um eine nachhaltige Energiezukunft zu sichern, ist es entscheidend, unsere Energiequellen zu diversifizieren, den Energiewandel zu erleichtern und technologische Innovationen zu fördern. Ein ausgewogener Energiemix, der die Stärken fossiler und erneuerbarer Energieträger vereint, kann Energiesicherheit bieten und gleichzeitig die Umweltauswirkungen minimieren. Im Folgenden werden diese Perspektiven näher erläutert.

1. **Diversifizierung**:

Ein diversifizierter Energiemix ist entscheidend, um den weltweiten Energiebedarf zu decken und gleichzeitig die Risiken zu verringern, die mit der Abhängigkeit von einer einzigen Energiequelle verbunden sind. Beispielsweise bieten fossile Energieträger trotz ihrer negativen Umweltauswirkungen Zuverlässigkeit und Konstanz, die während des Übergangs zu saubereren Energien entscheidend sein können.

Energiesicherheit: Durch die Diversifizierung der Energiequellen können Länder ihre Abhängigkeit von der Einfuhr fossiler Brennstoffe verringern und ihre Widerstandsfähigkeit gegenüber Versorgungsunterbrechungen erhöhen. Europa versucht beispielsweise, seine Abhängigkeit von russischem Gas zu verringern, indem es den Anteil erneuerbarer Energien erhöht und die Infrastruktur für verflüssigtes Erdgas (LNG) ausbaut.

Verringerung der Treibhausgasemissionen: Ein ausgewogener Mix ermöglicht die Integration von mehr erneuerbaren Energien, wodurch die CO_2-Emissionen insgesamt verringert werden. Deutschland hat es beispielsweise geschafft, Solar- und Windenergie in seinen Energiemix zu integrieren und gleichzeitig Erdgas zu nutzen, um die Lücken bei ungünstigen Wetterbedingungen zu schließen.

Wirtschaftliche Stabilität: Die Diversifizierung der Energiequellen kann auch die Energiepreise stabilisieren und die mit den Schwankungen auf den Märkten für fossile Brennstoffe verbundene Volatilität verringern. Die USA haben von der Schiefergasrevolution profitiert, die Energiekosten gesenkt und das Wirtschaftswachstum angekurbelt.

2. **Energiewende**:

Die Energiewende ist der Übergang von einem System, das auf fossilen Brennstoffen basiert, zu einem System, das von erneuerbaren Energien dominiert wird und einen geringen Kohlenstoffausstoß hat. Dieser Übergang erfordert ehrgeizige politische Maßnahmen und umfassende Initiativen.

Politiken und Initiativen: Die Regierungen spielen eine entscheidende Rolle bei der Einführung von Politiken, die erneuerbare Energien begünstigen, wie Subventionen, Steuergutschriften und Energieeffizienzstandards. Der in den USA vorgeschlagene Green New Deal zielt beispielsweise darauf ab, massiv in erneuerbare Infrastrukturen zu investieren und Millionen von grünen Arbeitsplätzen zu schaffen.

Verringerung der Abhängigkeit von fossilen Brennstoffen: Der Übergang bedeutet auch, dass die Nutzung fossiler Brennstoffe schrittweise verringert wird. Frankreich hat angekündigt, seine Kohlekraftwerke bis 2022 schrittweise abzuschalten und gleichzeitig seine Kernkraftkapazitäten und Investitionen in erneuerbare Energien zu erhöhen.

3. **Technologische Innovation**:

Technologische Innovation ist die treibende Kraft für den Übergang zu einem nachhaltigen Energiemix. Sie ermöglicht es, die Effizienz zu steigern, die Kosten zu senken und die Herausforderungen im Zusammenhang mit erneuerbaren Energien zu bewältigen.

Erneuerbare Energien: Technologische Fortschritte haben Solar- und Windenergie wettbewerbsfähiger gemacht. Beispielsweise sind die Kosten für Solarmodule zwischen 2010 und 2020 dank technologischer Verbesserungen und Skaleneffekten um 89 % gesunken.

Energiespeicherung: Die Entwicklung von Speichertechnologien wie Lithium-Ionen-Batterien und Schwerkraftspeicherlösungen hilft dabei, die Unstetigkeit der erneuerbaren Energien zu überwinden. Tesla hat beispielsweise Batterien für den Hausgebrauch und die Industrie entwickelt, die Sonnenenergie für den Einsatz in der Nacht oder bei geringer Sonneneinstrahlung speichern können.

Energieeffizienz: Die Verbesserung der Energieeffizienz von Gebäuden, Verkehr und Industrie kann die Gesamtenergienachfrage senken. Passivhäuser, bei denen fortschrittliche Bautechniken eingesetzt werden, um den Heiz- und Kühlbedarf zu minimieren, werden in Europa immer beliebter.

Lösungen für die Dekarbonisierung: Technologien zur Kohlenstoffabscheidung und -speicherung (CCS) können die Emissionen von Kraftwerken und der Schwerindustrie reduzieren. Das Kraftwerk Petra Nova in Texas beispielsweise fängt einen Teil der CO_2-Emissionen eines Kohlekraftwerks ab und speichert sie unterirdisch.

Jede Energiequelle hat einzigartige Vor- und Nachteile, aber wenn wir sie sinnvoll kombinieren, können wir einen Energiemix schaffen, der den heutigen ökologischen, wirtschaftlichen und sozialen Herausforderungen gerecht wird. Der Übergang zu einem nachhaltigen Energiemix wird ein weltweites Engagement, wirksame politische Maßnahmen und die Zusammenarbeit von Regierungen, Industrie und Zivilgesellschaft erfordern. Indem wir die Vor- und Nachteile der einzelnen

Energiequellen gegeneinander abwägen und ihr Potenzial verantwortungsvoll nutzen, können wir Fortschritte auf dem Weg zu einer saubereren, sichereren und nachhaltigeren Energiezukunft für künftige Generationen machen. Fundierte Entscheidungen und Investitionen in Innovationen sind entscheidend für die Gestaltung eines Energiemixes, der den Energiebedarf der Gegenwart deckt und gleichzeitig die Ressourcen für künftige Generationen schont.

Kapitel 10 : Die Zukunft der Kernenergie

Die Kernenergie entwickelt sich weiter, um den energiepolitischen Herausforderungen des 21. Jahrhunderts gerecht zu werden. Dieses Kapitel untersucht die jüngsten Entwicklungen und Innovationen, die die Zukunft der Kernenergie gestalten, und konzentriert sich dabei auf die Reaktoren der nächsten Generation, die Kernfusion, technologische Fortschritte und die potenzielle Rolle der Kernenergie bei der weltweiten Energiewende.

Die Reaktoren der neuen Generation

Die Reaktoren der nächsten Generation stellen eine bedeutende Weiterentwicklung der derzeitigen Nukleartechnologien dar und bieten Verbesserungen in Bezug auf Sicherheit, Effizienz und Nachhaltigkeit.

1. **Reaktoren mit schnellen Neutronen** :

o **Funktionsprinzipien** : Schnelle Neutronenreaktoren nutzen schnelle Neutronen, um die Spaltung von Uran und anderen Aktiniden zu induzieren, im Gegensatz zu herkömmlichen thermischen Reaktoren, die langsame Neutronen nutzen. Diese Technologie ermöglicht eine bessere Nutzung des Kernbrennstoffs und bietet die Möglichkeit, Atommüll zu recyceln.

o **Potenzielle Vorteile** :

Brennstoffeffizienz: Schnelle Neutronenreaktoren können eine größere Bandbreite an Brennstoffen nutzen, einschließlich Plutonium und Abfall aus anderen Reaktoren, wodurch die Menge an langlebigem Abfall reduziert wird.

Abfallreduzierung: Durch die Wiederverwertung von Atommüll können diese Reaktoren die Gesamtmenge an radioaktiven Abfällen reduzieren und ihre radioaktive Lebensdauer verkürzen.

Nichtverbreitung: Durch den Verbrauch von Aktiniden, die zur Herstellung von Atomwaffen verwendet werden können, tragen diese Reaktoren zur Verringerung des Risikos der nuklearen Proliferation bei.

Beispiel: Der Versuchsreaktor BN-800 in Russland ist ein konkretes Beispiel für einen Schnellneutronenreaktor im Betrieb und demonstriert die potenziellen Vorteile dieser Technologie.

2. **Reaktoren mit geschmolzenen Salzen :**

o **Innovative Technologie** : Salzschmelzenreaktoren verwenden ein Gemisch aus Fluoridsalzen als Brennstoff und Wärmeträgerflüssigkeit und bieten Vorteile in Bezug auf Sicherheit, thermische Stabilität und Abfallentsorgung.

o **Erhöhte Sicherheit**: Im Falle einer Überhitzung können sich die geschmolzenen Salze verfestigen, wodurch die Kernreaktion automatisch gestoppt und das Risiko eines Unfalls verringert wird.

o **Thermische Stabilität**: Salzschmelzen können bei höheren Temperaturen betrieben werden, ohne den Druck zu erhöhen, was die thermische Effizienz und die Stromerzeugung verbessert.

o **Abfallentsorgung**: Reaktoren mit geschmolzenen Salzen produzieren weniger langlebige Abfälle und können auch einige Arten von Atommüll recyceln.

Modularitätspotenzial: Da diese Reaktoren modular konzipiert sind, können sie in einer Fabrik hergestellt und vor Ort zusammengebaut werden, was die Baukosten senkt und eine flexiblere Anpassung an den lokalen Energiebedarf ermöglicht.

Beispiel: Der Thorium-Schmelzsalzreaktor (TMSR), der in China entwickelt wird, soll die Vorteile dieser innovativen Technologie demonstrieren.

www.ingramcontent.com/pod-product-compliance
Lightning Source LLC
Chambersburg PA
CBHW072002210526
45479CB00003B/1040